PUBLICATIONS DES
ANNALES DE PALÉONTOLOGIE

ÉTUDE DES POISSONS FOSSILES du Bassin Parisien

PAR

F. PRIEM

MÉMOIRE COURONNÉ PAR L'INSTITUT

PARIS
MASSON ET Cie, ÉDITEURS
120, Boulevard Saint-Germain, 120

1908

AUTRES TRAVAUX DE L'AUTEUR SUR LES POISSONS FOSSILES

1° France.

Poissons crétacés.

Sur les Poissons de la craie phosphatée des environs de Péronne (*Bull. Soc. géol. France*, 3e sér., t. XXIV, 1896, p. 9-23, pl. I-II).
Sur des dents de Poissons du Crétacé supérieur de France (*Ibid.*, p. 288-295, pl. IX).
Sur des dents d'Élasmobranches de divers gisements sénoniens [Villedieu, Meudon et Folx-les-Caves (Belgique)], *Ibid.*, t. XXV, 1897, p. 40-56, pl. I).
Sur des Pycnodontes et des Squales du Crétacé supérieur du bassin de Paris (Turonien, Sénonien Montien inférieur) (*Ibid.*, t. XXVI, 1898, p. 229-243, pl. II).
Sur la faune ichthyologique des assises montiennes du bassin de Paris, et en particulier sur *Pseudolates Heberti* Gervais sp. (*Ibid.*, p. 399-412, pl. X et XI).
Rectification relative à *Pseudolates Heberti* (*Ibid.*, t. XXVII, 1899, p. 252).

Poissons tertiaires.

Sur les Poissons de l'Éocène inférieur des environs de Reims (*Bull. Soc. géol. France*, 4e sér., t. I, 1901, p. 477-504, 10 fig. texte et pl. X-XI).
Sur les Poissons du Bartonien et les Siluridés et Acipenséridés de l'Éocène du bassin de Paris (*Ibid.*, 4e sér., t. IV, 1904, p. 42-47, 8 fig. texte).
Sur les Poissons fossiles du gypse de Paris (*Ibid.*, 3e sér., t. XXVII, 1900, p. 841-860, pl. XV-XVI).
Sur les Poissons fossiles du Stampien du bassin parisien (*Ibid.*, 4e sér., t. VI, 1906, p. 195-205, 11 fig. texte et pl. VIII).
Sur les otolithes des Poissons éocènes du bassin parisien (*Ibid.*, 4e sér., t. VI, 1906, p. 265-280, 51 fig. texte) et Rectification de nomenclature (*Revue critique de Paléozoologie*, t. XI, 1907, p. 268).
Sur les Poissons fossiles des marnes supragypseuses des environs de Paris (en préparation).
Sur des Pycnodontes tertiaires du département de l'Aude (*Bull. Soc. géol. France*, 4e sér., t. II, 1902, p. 44-49, 2 fig. texte).
Sur les Poissons fossiles des terrains tertiaires supérieurs de l'Hérault (*Ibid.*, 4e sér., t. IV, 1904, p. 285-294, 12 fig. texte).

2° Régions diverses.

Sur les Poissons de l'Éocène du mont Mokattam (Égypte) (*Bull. Soc. géol. France*, 3e sér., t. XXV 1897, p. 212-227, pl. VII).
Note sur *Propristis* Dames du Tertiaire inférieur d'Égypte (*Ibid.*, p. 228-232, 3 fig. texte).
Sur des Poissons fossiles éocènes d'Égypte et de Roumanie (*Ibid.*, 3e sér., t. XXVII, 1899, p. 241-253, pl. II).
Les Poissons fossiles de l'Éocène du Mokattam (*Bulletin de l'Institut égyptien*. Le Caire, 1897, 3 p.).
Sur des Poissons fossiles de l'Éocène d'Égypte (*Ibid.*, 1899, 5 p.).
Sur des Poissons fossiles de l'Éocène moyen d'Égypte (*Bull. Soc. géol. France*, 4e sér., t. V, 1905, p. 633-641, 12 fig. texte).
Sur les Poissons fossiles des phosphates d'Algérie et de Tunisie (*Ibid.*, 4e sér., t. III, 1903, p. 393-406, 3 fig. texte et pl. XIII).
Sur des Vertébrés de l'Éocène d'Égypte et de Tunisie (*Ibid.*, 4e sér., t. VII, 1907, p. 412-419, 2 fig. texte et pl. XV-XVI).
Description de *Cœlodus anomalus* n. sp. [Infracrétacé du Portugal] (« *Communicações* » du Service géologique du Portugal. 1904, vol. VI, p. 52-53, 1 fig. texte).
Sur des Poissons fossiles tertiaires des colonies portugaises d'Afrique (« *Communicações* » du Service géologique du Portugal, 1907, vol. VII, p. 74-79, 2 pl.).
Description de *Cœlodus Morgani* n. sp. [Crétacé supérieur de Perse] (J. de Morgan, Mission scientifique en Perse, t. III. Études géologiques. Partie IV, Paléontologie. Paris, 1904, p. 285-586, pl. XI, fig. 1).
Poissons fossiles de Perse (Délégation en Perse. *Annales* publiées sous la direction de J. de Morgan. Paris, 1908, 25 p., 3 pl.).
Note sur les Poissons fossiles de Madagascar (*Bull. Soc. géol. France*, 4e sér., t. VII, 1907, p. 462-465, 8 fig. texte).

3° Généralités.

L' « Helicoprion », reste d'un Poisson fossile découvert en Russie (*La Nature*, 28e année, 20 janvier 1900, p. 121-122, fig. 1-3).
Étude sur le genre *Lepidotus* (*Annales de Paléontologie*, t. III, 1908, p. 1-19, pl. I-II).
Les Poissons et les Amphibiens fossiles (Encyclopédie scientifique O. Doin), en préparation.

ÉTUDE DES

POISSONS FOSSILES

du Bassin Parisien

CORBEIL. — IMPRIMERIE ÉD. CRÉTÉ.

PUBLICATIONS DES

ANNALES DE PALÉONTOLOGIE

ÉTUDE DES
POISSONS FOSSILES
du Bassin Parisien

PAR

F. PRIEM

MÉMOIRE COURONNÉ PAR L'INSTITUT

PARIS
MASSON ET Cie, ÉDITEURS
120, Boulevard Saint-Germain, 120

1908

ÉTUDE

DES

POISSONS FOSSILES DU BASSIN PARISIEN

Je me propose d'étudier dans les pages suivantes les Poissons fossiles du bassin parisien, c'est-à-dire de cette grande région française comprise entre l'Armorique, le Massif central, le Morvan, les Vosges et l'Ardenne.

J'ai publié un certain nombre de travaux sur les Poissons crétacés et tertiaires du bassin de Paris. Ils seront ici coordonnés et complétés. L'évolution de la faune ichthyologique sera exposée depuis le commencement des temps secondaires. Cette faune sera comparée à celle des régions voisines.

Le nord de la France (Picardie, Artois, Boulonnais et Flandre) ne sera étudié qu'à titre de comparaison.

J'ai pu rédiger ce travail grâce à l'obligeance avec laquelle M. Albert Gaudry, membre de l'Institut, puis M. le professeur Marcellin Boule, m'ont permis d'utiliser les collections paléontologiques du Muséum. J'ai trouvé aussi des documents intéressants à l'École supérieure des Mines, à la Sorbonne, où MM. les professeurs Henri Douvillé, Munier-Chalmas et E. Haug m'ont toujours fait le meilleur accueil. Enfin j'ai mis à contribution diverses collections particulières que j'ai citées dans mon travail. Je remercie vivement tous ceux qui m'ont ainsi facilité ma tâche.

ESPÈCES NOUVELLES DÉCRITES ET FIGURÉES DANS CE MÉMOIRE

Infracrétacé (Hauterivien) :

Otolithus (*Clupeidarum* ?) *neocomiensis*, pages 37-38.

Crétacé (Montien) :

Cœlodus Laurentii, pages 70-71.

Éocène (Thanétien) :

Otolithus (*Gadidarum*) *Moloti*, page 84.

— (*Trachini* ?) *Bellevoyei*, page 84.

Éocène (Bartonien) :

Cybium Bourdoti, page 123.

Oligocène (Sannoisien supérieur) :

Acipenser parisiensis, page 132.
Notogoneus Janeti, page 133.

En outre, des restes de Poissons fossiles trop fragmentaires pour recevoir un nom spécifique ont été simplement rapportés à des genres connus ; ces restes, en assez grand nombre, ont été figurés.

TEMPS SECONDAIRES

PÉRIODE TRIASIQUE

A l'époque du Trias moyen, la mer, qui couvrait la plus grande partie de l'Allemagne, s'est étendue dans la région orientale du bassin parisien. Elle y a laissé les dépôts de calcaire coquillier ou muschelkalk des environs de Lunéville.

Les Poissons triasiques de cette zone orientale du bassin parisien ont été étudiés d'abord par Agassiz, ensuite par P. Gervais et par le Dr Sauvage (1).

Squales Cestraciontes. — Les Poissons qui prédominent sont des Squales appartenant à la famille des Cestraciontidés. Cette famille, qui débute au Carbonifère inférieur avec les genres *Orodus*, *Campodus*, etc., n'est plus représentée à l'époque actuelle que par de petites espèces de l'océan Pacifique, formant le genre *Heterodontus* ou *Cestracion*; la plus connue est le Squale de Port Jackson ou *Heterodontus Philippi* qui ne dépasse pas 1m.50 de longueur et qui est souvent beaucoup plus petit. Les dents antérieures présentent plusieurs denticules; les dents postérieures s'élargissent, n'ont pas de denticules latéraux et deviennent de véritables palettes triturantes propres à broyer les coquillages dont se nourrissent ces animaux.

Ces Squales à dents triturantes sont représentés dans les mers triasiques par plusieurs genres, à dents moins élargies, moins bien adaptées à la trituration des coquilles.

Le genre *Hybodus* a été fondé par Agassiz pour des Cestraciontes très communs dans les couches triasiques et jurassiques. Des squelettes assez bien conservés ont été découverts dans le Lias d'Angleterre et d'Allemagne. Les dents, plus ou moins striées, possèdent un denticule principal et des denticules secondaires de grandeur décroissante en nombre variable de chaque côté. Les deux nageoires dorsales portent chacune un aiguillon arqué, strié longitudinalement et armé en arrière de deux séries rapprochées de pointes acérées.

Le professeur O. Jaekel (2) a fait remarquer que le nom d'*Hybodus* avait d'abord été appliqué seulement à des piquants, et il a proposé de rapporter les dents,

(1) L. Agassiz, Recherches sur les Poissons fossiles, vol. II et III.
P. Gervais, Zoologie et Paléontologie françaises, 1re édit., 1848-52, et 2e édit., 1859.
E. Sauvage, Note sur les Poissons du muschelkalk de Pontpierre (Lorraine) (*Bull. Soc. géol. France*, 3e sér., t. XI, 1883, p. 492-496, pl. XII, fig. 1-12).

(2) O. Jaekel, Die Selachier aus dem oberen Muschelkalk Lothringens (*Abh. z. geol. Specialkarte v. Elsass. Lothringen*, Bd. III, 1889, p. 321). — Ueber Hybodus Agassiz (*Sitzber. Ges. naturf. Freunde.* Berlin, 1898, p. 135-146, 3 fig.). Voir aussi A. Smith Woodward, Catalogue of the fossil Fishes in the British Museum, part I, 1889, p. 250 et suivantes.

attribuées au genre *Hybodus*, à des genres nouveaux, *Parhybodus*, *Polyacrodus*, *Orthybodus*.

Les *Hybodus* (sens large) ont laissé dans le muschelkalk de la Lorraine leurs dents et leurs piquants. Agassiz a distingué de nombreuses formes de dents, mais les dents appelées *H. plicatilis* Ag. ne sont autre chose que les dents de la mâchoire supérieure de l'espèce dont les dents inférieures portent le nom d'*H. longiconus* Ag. ; les dents appelées *H. angustus* Ag. sont probablement les dents postérieures de la même espèce. Enfin il faut probablement confondre sous le nom d'*H. polycyphus* les dents appelées *H. polycyphus* Ag., *H. Mougeoti* Ag., *H. obliquus* Ag.

Les espèces du muschelkalk lorrain basées sur les dents seraient ainsi :

Hybodus (*Parhybodus* Jaekel) *longiconus* Ag.
— (*Polyacrodus* Jaekel) *polycyphus* Ag.

Les piquants sont rapportés aux espèces suivantes :

Hybodus major Ag.
— *dimidiatus* Ag.
— *tenuis* Ag.

En outre, des débris de dents et de piquants trouvés à Lunéville. Chauffontaine, Bouzonville, etc., appartiennent à des espèces indéterminées d'*Hybodus*.

Le genre *Acrodus* d'Agassiz renferme des Cestraciontes dont les dents sont dépourvues de denticules latéraux, ou bien ceux-ci ne sont que faiblement indiqués. Elles sont basses, longues et couvertes de rides transversales qui divergent d'une crête longitudinale. Ces dents, répandues dans les terrains triasiques et jurassiques, ont été regardées par les anciens auteurs comme des sangsues pétrifiées.

Plusieurs espèces, fondées sur des dents, ont été trouvées dans le muschelkalk de Lunéville et des environs :

Acrodus Gaillardoti Ag.
— *nobilis* Ag. ? (douteuse comme provenance).
— *lateralis* Ag.
— aff. *minimus* Ag.

Le Dr A. S. Woodward réunit à *A. Gaillardoti*, *A. Brauni* Ag. Le *Strophodus rugosus* Schmid du muschelkalk d'Allemagne, retrouvé à Pontpierre, doit probablement être rapporté au genre *Acrodus*. Des aiguillons dorsaux, difficiles à distinguer de ceux des *Hybodus*, ont été attribués au même genre.

Des dents plates, allongées, sans crête longitudinale, du muschelkalk de France et d'Allemagne ont été attribuées d'abord au genre jurassique *Strophodus*, mais, comme elles ne sont jamais accompagnées des aiguillons couverts de tubercules qui appartiennent à ce genre, H. von Meyer en a fait un genre nouveau, *Palæobates*.

A Lunéville se trouve le *Palæobates angustissimus* Ag. sp. avec lequel il faut sans doute confondre *Strophodus elytra* Ag. du même gisement.

Le Dr Sauvage a signalé à Pontpierre la présence de dents de Cestraciontes voisines du *Doratodus tricuspidatus* Schmid.

Agassiz a nommé *Leiacanthus falcatus* des piquants du muschelkalk de Lunéville ressemblant beaucoup à ceux d'*Hybodus*, mais paraissant être dépourvus de denticules postérieurs.

Enfin signalons un aiguillon du muschelkalk de Mont-sur-Meurthe, conservé au Muséum. Il doit être rapporté au genre *Nemacanthus* d'Agassiz fondé pour des piquants aplatis, striés, avec deux rangées de denticules postérieurs, et portant sur une partie de leur surface des tubercules (pl. I, fig. 2).

Téléostomes Crossoptérygiens. — Les Téléostomes, c'est-à-dire les Poissons à squelette plus ou moins ossifié, caractérisés surtout par la présence d'une mandibule articulée avec le crâne par un os suspenseur, et par une ouverture branchiale unique de chaque côté du corps, ont débuté par les Crossoptérygiens. Ce sont des Poissons dont les nageoires paires, au moins les pectorales, ont une forme lobée ; elles consistent en un axe garni d'une frange de rayons mous. Ils sont couverts d'écailles émaillées (ganoïdes). Ces Poissons ont débuté pendant le Dévonien et peut-être même dans le Silurien et ont pris tout leur développement dans le Carbonifère. A l'époque actuelle, ils ne sont plus représentés que par les genres *Polypterus* et *Erpetoichthys* (*Calamoichthys*), relégués dans les fleuves de l'Afrique.

Un genre important est le genre *Cœlacanthus*, remarquable par ses écailles cycloïdes ; l'axe vertébral se prolonge au delà de la nageoire caudale pour se terminer par une petite nageoire caudale supplémentaire. Les apophyses du squelette axial ne sont ossifiées qu'à la surface, de sorte qu'à l'état fossile elles se présentent comme des sortes d'épines creuses, ce qui a valu au genre le nom donné par Agassiz. Le genre *Cœlacanthus* est commun dans le Carbonifère et le Permien, et paraît s'être prolongé dans le muschelkalk avec le *Cœlacanthus minor*. Agassiz a nommé ainsi un petit Poisson du muschelkalk de Lunéville, qu'il n'a pas figuré.

Téléostomes Actinoptérygiens. — Les Téléostomes Actinoptérygiens, formant l'immense majorité des Téléostomes actuels, sont caractérisés par leurs nageoires paires pourvues d'un axe squelettique extrêmement court portant de longs rayons dermiques. Tous ceux de la période triasique sont couverts d'écailles émaillées (ganoïdes) et ont sans doute possédé une nageoire caudale à lobes inégaux (hétérocerque). Il y a dans le muschelkalk des Téléostomes Actinoptérygiens ganoïdes, mais ils ne sont connus que par des débris.

C'est ainsi qu'on trouve dans le muschelkalk des environs de Lunéville, dans celui de Bouzonville, de Bionville, de Pontpierre, etc., des écailles rhombiques ornées de nombreuses stries obliques, ramifiées et anastomosées. Agassiz en a fait le genre *Gyrolepis*. L'espèce représentée dans le Trias du bassin parisien est le *G. Albertii* Ag., avec laquelle il faut confondre sans doute le *G. tenuistriatus* Ag.

On trouve également des mâchoires allongées munies de fortes dents coniques plissées à la base et dont la pointe est couverte d'une couche d'émail lisse ou striée. Elles sont rapportées par Agassiz à un genre *Saurichthys* contenant plusieurs espèces. Agassiz a représenté *S. Mougeoti* Ag. du muschelkalk de Lunéville. M. Sauvage a noté à Pontpierre la présence de *S. apicalis* Ag., *S. acuminatus* Ag. (1), *S. costatus* von Münster (sous le nom de *Thelodus rectus* Schmid), et une autre espèce douteuse [sous le nom de *Thelodus inflexus* Schmid (2)].

Enfin, il y avait aussi dans la mer du muschelkalk des Ganoïdes broyeurs pourvus de dents triturantes plus ou moins arrondies, à couronne striée surmontée d'un petit tubercule. Ces Poissons ont reçu d'Agassiz le nom de *Colobodus*. Les espèces du muschelkalk de Lorraine sont :

Colobodus Hogardi Ag;
— *scutatus* P. Gervais;
— *frequens* Dames;
— *maximus* Dames.

Ces Poissons n'ont laissé en Lorraine que des fragments de dentition, mais on a trouvé en Allemagne et en Italie des écailles et des portions plus ou moins importantes du corps. Ils annoncent les Poissons broyeurs tels que les *Semionotus* et *Lepidotus* si répandus dans le Jurassique.

Dipneustes — Les Dipneustes sont des Poissons caractérisés par une double respiration ; ils respirent par des branchies et en outre par un ou deux poumons. Ils sont aujourd'hui très réduits et ne comprennent que trois genres : *Protopterus* en Afrique, *Lepidosiren* dans l'Amérique du Sud et *Neoceratodus* en Australie.

Au contraire, ils ont été communs pendant l'ère primaire et au commencement de l'ère secondaire; ils y ont vécu dans des eaux marines comme celles de la période du muschelkalk et des eaux saumâtres comme celles de la période du keuper. L'apparition de nouveaux types les a relégués aujourd'hui dans les eaux douces, fait important qui s'est produit aussi pour les Crossoptérygiens tels que le *Polypterus*.

Agassiz a fondé le genre *Ceratodus* pour des dents trouvées d'abord dans le Rhétien. Elles sont larges, triangulaires, et portent sur l'un des bords de fortes cannelures ou cornes. En 1870, Forster trouva en Australie, dans les cours d'eau du Queensland, un Poisson appelé par les indigènes Barramundi. Krefft constata que les dents de ce Poisson ressemblaient extrêmement à celles appelées *Ceratodus* par Agassiz, et lui donna le nom de *Ceratodus Forsteri*. Plus tard, ayant trouvé un crâne de *Ceratodus* triasique et l'ayant comparé à celui de l'espèce actuelle,

(1) Il y a peut-être erreur; l'espèce est du Rhétien et Schmid a donné ce nom à des fragments de mâchoire appartenant en réalité à *S. Mougeoti* et *S. apicalis* (Voir A. S. Woodward, Catalogue, part III, 1895, p. 19-20).

(2) A. S. Woodward, *Loc. cit.*, Catalogue, part III, 1895, p. 22-23.

M. Teller a proposé pour celle-ci l'établissement d'un genre nouveau, *Epiceratodus*. Déjà Castelnau avait proposé celui de *Neoceratodus* qui est généralement adopté. On a pu voir que la dentition complète se composait de deux dents ou plaques dentaires mandibulaires cannelées, de deux plaques palatines également cannelées et de deux petites plaques vomériennes simples à bord tranchant. Les cannelures des plaques dentaires sont placées sur le bord externe, la corne la plus développée étant l'antérieure. Les plaques dentaires de l'espèce récente portent six côtes, tandis que celles des *Ceratodus* triasiques en ont quatre ou cinq.

Le genre *Ceratodus* a commencé avec le Trias inférieur (grès bigarrés); il est devenu commun dans le Trias supérieur (keuper) et le Rhétien (Jurassique inférieur). On le trouve aussi dans le Bathonien d'Angleterre (Jurassique moyen) et le Jurassique supérieur du Colorado. Il s'est prolongé jusque dans le Crétacé supérieur; il a été signalé en effet par Cope dans le Crétacé supérieur du Montana, et récemment M. E. Haug a étudié des dents de *Ceratodus* provenant du Crétacé (probablement étage albien) du Sahara (1). On trouve là deux espèces : *C. africanus* et *C. minutus*, dont la première, par la présence de six côtes aux dents palatines et mandibulaires, se rapproche du *Neoceratodus Forsteri* actuel, tandis que la seconde, où il n'y a que quatre côtes, rappelle les espèces du Trias. Chez toutes deux les côtes sont crénelées, ce qui a lieu dans diverses espèces triasiques.

L'extension du genre *Ceratodus* a donc été très grande dans l'espace et dans le temps.

Dans le muschelkalk des environs de Lunéville se trouvent des dents de *Ceratodus Kaupi* Ag. (pl. I, fig. 1). On doit rapporter à cette espèce la dent de *Ceratodus* trouvée à Rehainviller et rapportée par M. Schlumberger (2) à *C. runcinatus* Plieninger; elle n'a en effet que quatre côtes, tandis que chez l'espèce de Plieninger il y a cinq côtes à la dent mandibulaire et la trace d'une sixième à la dent palatine.

Agassiz avait rapporté des dents très douteuses et corrodées du muschelkalk de Lunéville à une espèce qu'il appelait *C. heteromorphus*; elle n'est plus admise aujourd'hui.

L'origine du genre *Ceratodus* doit être cherchée dans la période primaire où l'on trouve de nombreux genres de Dipneustes. Le genre *Ctenodus*, carbonifère, présente notamment des plaques dentaires avec de fortes côtes et rappelant celles du *Ceratodus*. Quant à l'origine même des Dipneustes, elle a été discutée notamment par M. Dollo, qui la trouve chez les Crossoptérygiens. Ces derniers seraient la souche commune des Dipneustes et des Amphibiens (3).

(1) E. Haug, Documents scientifiques de la Mission saharienne, Mission Foureau-Lamy (Paléontologie), Paris, 1905, p. 819-821, pl. XVII, fig. 1-6. [Le genre *Ceratodus* se trouve aussi dans le Crétacé de la Patagonie.]

(2) Ch. Schlumberger, Dent de *Ceratodus runcinatus* Plien. (*Bull. Soc. géol. France*, 2e sér., t. XIX, 1862, p. 707-708, pl. XVII. — A. S. Woodward, Catalogue, part II, 1891, p. 270.

(3) L. Dollo, Sur la phylogénie des Dipneustes (*Bull. Soc. belge Géologie*, t. IX, 1905, p. 79-128, pl. V-X).

Comparaison des Poissons triasiques du bassin parisien avec ceux des régions voisines. — En Allemagne on trouve des Poissons nombreux dans les dépôts lagunaires du Trias inférieur (grès bigarrés) et du Trias supérieur (keuper) et surtout dans les dépôts marins du Trias moyen (muschelkalk).

Les dépôts lagunaires ont fourni des Squales Cestraciontes des genres *Hybodus*, *Acrodus*, *Palæobates*, des Dipneustes (plusieurs espèces de *Ceratodus*) et l'on trouve déjà dans les grès bigarrés des Ganoïdes du genre *Semionotus*, que nous retrouverons dans le Jurassique de France.

Les dépôts marins du muschelkalk allemand contiennent de nombreuses espèces des genres de Cestraciontes déjà mentionnés, et aussi des piquants de *Leiacanthus* et de *Nemacanthus*. Les *Ceratodus* sont nombreux. On trouve des Crossoptérygiens du genre *Cœlacanthus* (*C. gracilis* Ag.) et surtout des Actinoptérygiens ganoïdes. Parmi ceux-ci, les genres *Gyrolepis*, *Saurichthys* sont bien représentés. La famille des Semionotidés est très développée; il y a là les genres *Colobodus*, *Semionotus*, *Serrolepis*, *Tetragonolepis* et quelques autres plus ou moins douteux, sans compter un Poisson volant : le *Dollopterus volitans* Compter sp. On doit noter aussi le genre *Crenilepis*, probablement de la famille des Eugnathidés.

Toutes les espèces du muschelkalk de la Lorraine se retrouvent en Allemagne, sauf *Hybodus angustus* Ag. dont les piquants ont été cités avec doute en Silésie, *Cœlacanthus minor* Ag., qui est d'ailleurs mal connu, et *Colobodus scutatus* P. Gervais, du reste très voisin de *C. maximus* Dames. Le muschelkalk d'Allemagne est bien plus riche en genres et en espèces que celui de la bordure orientale du bassin parisien. La faune triasique de ce bassin est une faune appauvrie dont les éléments proviennent de la mer du muschelkalk de l'Europe centrale.

En Angleterre, le Trias n'est guère représenté que par des dépôts lagunaires correspondant aux grès bigarrés et au keuper. Le Trias moyen est douteux et paraît lui-même d'origine lagunaire. On trouve dans le keuper d'Angleterre des dents de Squales appartenant aux genres paléozoïques *Phœbodus* et *Diplodus*, des piquants d'Hybodonte (probablement du genre *Leiacanthus*), et des dents de *Ceratodus*. Il y a aussi des Actinoptérygiens ganoïdes appartenant aux familles des Catoptéridés (genre *Dictyopyge*) et Semionotidés (*Semionotus*, *Dipteronotus* = *Cleithrolepis*). On trouve donc en Angleterre une faune ichthyologique ressemblant moins que celle du Trias lorrain à la faune du Trias allemand.

LISTE DES POISSONS TRIASIQUES DE LA ZONE ORIENTALE DU BASSIN PARISIEN

Muschelkalk.

ÉLASMOBRANCHES :

Hybodus (*Parhybodus* Jaekel) *longiconus* Ag., dents.
— (*Polyacrodus* Jaekel) *polycyphus*, Ag., —

Hybodus major Ag., piquants.
— *dimidiatus* Ag. —
— *tenuis* Ag. —
Acrodus Gaillardoti Ag., dents.
— *nobilis* Ag. —
— *lateralis* Ag. —
— aff. *minimus* Ag. —
Acrodus sp., piquants.
Palæobates angustissimus Ag. sp., dents.
Doratodus aff. *tricuspidatus* Schmid, dents.
Leiacanthus falcatus, piquants.
Nemacanthus sp., piquants.

TÉLÉOSTOMES :

Cœlacanthus minor Ag.
Gyrolepis Albertii Ag.
Saurichthys Mougeoti Ag
— *apicalis* Ag.
— *acuminatus* Ag.
— *costatus* v. Münster.
— sp.
Colobodus Hogardi Ag.
— *scutatus* P. Gervais.
— *frequens* Dames.
— *maximus* Dames.

DIPNEUSTES :

Ceratodus Kaupi Ag.

SYSTÈME JURASSIQUE

PÉRIODE LIASIQUE

1° Époque rhétienne.

Les temps jurassiques commencent par la période liasique dont la partie la plus ancienne est l'époque rhétienne. La mer à cette époque s'est étendue sur une grande partie de l'Europe centrale et s'est avancée dans la région orientale du bassin parisien. On trouve les dépôts rhétiens en Lorraine et en Bourgogne. Ils renferment un assez grand nombre de restes de Poissons, notamment à Provenchères (Haute-Marne). Le Rhétien a laissé aussi des traces à l'ouest du bassin, dans le Cotentin.

Squales Cestraciontes. — La mer rhétienne nourrissait des Squales Cestraciontes assez nombreux dont les genres se montrent déjà dans le Trias.

Des dents de Provenchères (1) doivent être rapportées aux espèces suivantes d'*Hybodus* :

Hybodus sublævis Ag.
— *cloacinus* Quenstedt (fig. 1 et 2).
— *minor* Ag.
— aff. *minor* Ag.
— *reticulatus* Ag. (fig. 3), espèce du Lias inférieur.

Cette dernière espèce, ainsi que *H. sublævis*, ont été citées par Martin (2), dans le Rhétien de Blaizy (Côte-d'Or).

Il a cité également *H. cloacinus* à Blaizy et M. Pellat a signalé cette espèce dans le Rhétien de Couches-les-Mines

Fig. 1. — *Hybodus cloacinus* Quenstedt, dent, grandeur naturelle. Rhétien de Provenchères (Haute-Marne) [coll. de Paléontologie du Muséum].

Fig. 2. — *Hybodus cloacinus* Quenstedt, dent, grandeur naturelle. Même provenance [coll. d'Orbigny, Paléontologie, Muséum].

Fig. 3. — *Hybodus reticulatus* Ag., dent, grandeur naturelle. Rhétien de Provenchères [coll. de Paléontologie, Muséum].

(1) J'ai étudié des restes de Poissons de Provenchères conservés au Muséum. Voir aussi : E. Sauvage, Note sur l'Infralias de Provenchères-sur-Meuse (Vertébrés). Chaumont, 1907, p. 6-17, pl. III.

Le professeur O. Jaekel rapporte *H. cloacinus* et *H. reticulatus* à un genre nouveau, *Orthybodus*.

(2) J. Martin, De la zone à *Avicula contorta* et du bone-bed de la Côte-d'Or (*Mém. Acad. Dijon*, vol. XI, 1863).

(Saône-et-Loire) (1). *H. minor* se trouve à Blaizy et Savigny (Côte-d'Or) et à Couches-les-Mines.

Il y a également à Provenchères des piquants d'*Hybodus*. Beaucoup sont à l'état de débris, mais certains peuvent être rapportés à un *Hybodus* voisin de *H. reticulatus* Ag., espèce du Lias inférieur. On y trouve, comme on l'a vu, des dents de cette espèce. M. Sauvage cite aussi un petit tubercule dermique d'*Hybodus*.

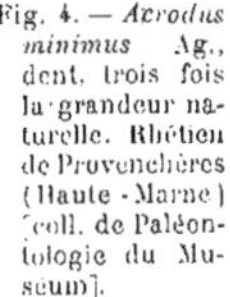

Fig. 4. — *Acrodus minimus* Ag., dent, trois fois la grandeur naturelle. Rhétien de Provenchères (Haute-Marne) [coll. de Paléontologie du Muséum].

Le genre *Acrodus* est représenté à Provenchères par des dents d'*Acrodus minimus* Ag. (fig. 4), espèce du Trias supérieur et du Rhétien.

Acrodus minimus a été également cité par Martin à Savigny et Blaizy (Côte-d'Or) et par M. de Ferry à Saint-Sorlin (Saône-et-Loire) (2).

On doit citer aussi à Provenchères des piquants appartenant à l'espèce *Nemacanthus monilifer* Ag. Suivant M. A. S. Woodward (3) on doit peut-être attribuer ces piquants au Poisson dont les dents sont appelées *Hybodus minor* (4).

Fig. 5. — Tubercule dermique du Rhétien de Provenchères (Haute-Marne). Vu de profil et de dessus, au triple de la grandeur [coll. de Géologie du Muséum].

M. Stanislas Meunier m'a communiqué de petites plaques arrondies provenant de Provenchères et dues à M. Chareton-Chaumeil. Elles sont légèrement bombées en dessus, avec des stries concentriques très fines, et surmontées d'une petite pointe ou tubercule (fig. 5). Ce sont des écailles placoïdes, provenant peut-être d'un *Hybodus*, ou d'un autre Élasmobranche.

Téléostomes Actinoptérygiens. — Comme Téléostomes, on retrouve à Provenchères des espèces du Trias :

Gyrolepis Albertii Ag.
Saurichthys acuminatus Ag. (fig. 6).

Cette espèce de *Saurichthys* ressemble beaucoup à *S. Mougeoti* du Trias et elle a été également trouvée par Martin à Blaizy, par M. de Ferry à Saint-Sorlin et à Bussières (Saône-et-Loire) et par M. Pellat à Couches-les-Mines.

Le Rhétien de la Côte-d'Or et celui de Couches-les-Mines contiennent aussi des

(1) Edm. Pellat, La zone à *Avicula contorta* et le bone-bed (étage rhétien) au sud-est d'Autun, dans les environs de Couches-les-Mines (Saône-et-Loire). Leurs relations avec les couches qui les précèdent et celles qui les suivent (*Bull. Soc. géol. France*, 2e sér. t. XXII, 1865, p. 546). L'espèce se trouve aussi dans l'Infralias de Saint-Amand-Montrond (Cher).

(2) Cité par A. d'Archiac, Paléontologie de la France. Paris, 1868, p. 139.

(3) A. Smith Woodward, Catalogue, part II, 1891, p. 46-116.

(4) Martin cite cette espèce de *Nemacanthus* aussi à Blaizy et en outre *N. speciosus*, espèce qui n'est pas signalée dans le Catalogue de M. A. S. Woodward, et dont je ne connais pas l'auteur. J'ai vu au Musée d'histoire naturelle de Dijon (Jardin de l'Arquebuse) un ichthyodorulithe indéterminé (don de M. Nodot), provenant de Blaizy.

écailles de *Gyrolepis Albertii* (1). J'ai vu également au Muséum (collection de Ferry) une écaille de *Gyrolepis* provenant de Bussières.

On trouve souvent dans les couches rhétiennes des incisives comprimées en lame de couteau et portées par une longue racine cylindrique ou quadrangulaire. Plieninger leur trouva une ressemblance avec les incisives de Sargues et leur

Fig. 6. — *Saurichthys acuminatus* Ag., dents du Rhétien de Provenchères (Haute-Marne), vues au triple de la grandeur (coll. de Paléontologie du Muséum).

Fig. 7. — *Sargodon tomicus* Ag. Rhétien de Provenchères (Haute-Marne). Dents tranchantes, vues grandeur naturelle (coll. de Géologie du Muséum).

donna le nom de *Sargodon tomicus* (fig. 7 et 8). Il est probable que de petites dents triturantes trouvées dans le Rhétien et appelées par Agassiz *Sphærodus minimus* sont en réalité les molaires de *Sargodon* (2).

Sargodon tomicus est commun à Provenchères et a été recueilli aussi à Saint-Sorlin, Couches-les-Mines, Bussières (Saône-et-Loire) et à Savigny (Côte-d'Or).

Martin a signalé dans le Rhétien de la Côte-d'Or des restes douteux qu'il a rapportés aux genres *Lepidotus*, *Dapedius*, *Pycnodus*. Ils ne sont connus que par sa citation. Il en est de même des plaques dentaires de Blaizy qu'il appelle *Ceratodus cloacinus* Quenstedt (= *C. latissimus* Ag.). Ce Dipneuste a d'ailleurs été trouvé dans le Rhétien d'Angleterre et du Wurtemberg. M. Sauvage cite à Provenchères le *Ceratodus parvus* Ag. (dent mandibulaire), espèce du Rhétien d'Angleterre, et aussi un coprolithe.

Comparaison des Poissons rhétiens du bassin parisien avec ceux des régions voisines. — La faune ichthyologique rhétienne ressemble beaucoup à celle du Trias par la présence des genres *Acrodus*, *Hybodus*, *Gyrolepis*, *Saurichthys*. Nous voyons même des espèces triasiques comme *Acrodus minimus* et *Gyrolepis Albertii*. Le seul élément nouveau est le genre *Sargodon* à incisives coupantes et à molaires triturantes.

En Allemagne, les dépôts rhétiens, surtout dans le Wurtemberg, le Hanovre et en Silésie, ont fourni de nombreux restes de Poissons, entre autres des *Hybodus* représentés par plusieurs espèces ; on y trouve les diverses espèces bien certaines du Rhétien de Provenchères et en outre quelques autres. Par contre, on n'y a pas signalé l'*Acrodus minimus*. Des dents douteuses de Cestraciontes ont été nommées par Plieninger : *Xystrodus finitimus* et *Chomatodus sphenodiscus*.

On retrouve dans le Rhétien du Wurtemberg les ichthyodorulithes nommés *Nemacanthus monilifer*.

(1) Signalé par Martin et Pellat sous le nom de *G. tenuistriatus* Ag.
(2) A. Smith Woodward, Catalogue, part III, 1895, p. 67.

Il y a aussi comme Téléostomes : *Saurichthys acuminatus*, *Sargodon tomicus*, *Gyrolepis Albertii*. En outre, dans le Rhétien de Silésie apparaissent les premiers *Lepidotus* : *L. Gallineki* Michael sp.

On doit sans doute rapporter au genre *Colobodus*, déjà mentionné dans le Trias, les restes trouvés dans le Rhétien des Alpes bavaroises et appelés par Winkler *Dapedius alpinus* (1). Le genre *Pholidophorus*, que nous retrouverons dans les dépôts du Lias, est représenté dans le Rhétien d'Allemagne par *P. Rœmeri* Martin.

Fig. 8. — *Sargodon tomicus* Ag. Même provenance, même collection.

Les Dipneustes, rares et douteux dans le Rhétien du bassin parisien, sont développés dans le Rhétien allemand (*Ceratodus latissimus* Ag., *C. silesiacus* Rœmer et *C.* sp.).

Le Rhétien d'Angleterre (2), étudié surtout par J. W. Davis et le Dr A. Smith Woodward, présente un ensemble analogue. Parmi les Squales Cestraciontes, le genre *Hybodus* se montre avec plusieurs espèces, entre autres *H. minor* et *H. cloacinus*.

On y retrouve *Acrodus minimus* et d'autres restes ont été attribués aux genres *Sphenonchus* et *Palæospinax*, sans compter des dents très douteuses attribuées aux genres *Callopristodus* et *Ctenoptychius* d'un groupe d'Élasmobranches paléozoïques : les Pétalodontidés.

Les Ichthyodorulithes du genre *Nemacanthus* sont représentés par deux espèces : *N. monilifer* Ag. et *N. minor* J. W. Davis.

Les Téléostomes Actinoptérygiens sont assez nombreux. Il y a là : *Gyrolepis Albertii*, *Saurichthys acuminatus*, *Sargodon tomicus*, des dents et des écailles de *Lepidotus* et de *Colobodus*, ainsi que des restes de *Semionotus*.

Le Rhétien supérieur d'Angleterre (correspondant à l'Hettangien) a fourni aussi des preuves de la présence du genre *Pholidophorus* (entre autres *P. Higginsi* Egerton). Également à la partie supérieure des « rhaetic beds », dans le marbre de Cotham, a été trouvé un petit Poisson à nageoire dorsale s'étendant sur presque toute la longueur du dos : le *Legnonotus cothamensis* Egerton, qui appartient à une famille, celle des Macrosemiidés, surtout développée dans les niveaux supérieurs du Jurassique et dans le Crétacé. Il y a également des Dipneustes (*Ceratodus latissimus* Ag. et *C. parvus* Ag.).

On voit donc que la faune ichthyologique du Rhétien de la bordure orientale du bassin parisien n'est autre que celle du Rhétien d'Angleterre et d'Allemagne, mais avec des éléments moins nombreux et moins variés.

(1) A. Smith Woodward. Catalogue, part III. p. 153.
(2) Les géologues anglais réunissent au Rhétien l'étage suivant ou Hettangien sous le nom commun de *rhaetic beds*.

2° Époque hettangienne.

La mer hettangienne a laissé des dépôts en Lorraine; ils n'ont fourni jusqu'ici que peu de Poissons. On peut citer seulement une dent trouvée à Hettange et rapportée avec doute par P. Gervais (1) au genre *Acrodus*, et une dentition de Chiméroïde provenant de la même localité; elle doit être attribuée à une espèce du Lias inférieur de Lyma-Regis (Angleterre), *Myriacanthus paradoxus* Ag. (2).

3° Époque liasique proprement dite.

A l'époque du Lias, la mer s'est graduellement étendue sur le bassin parisien. Pendant la première partie de cette époque (Lias inférieur ou Sinémurien), elle occupait toute la région est et nord-est, et aussi, à l'ouest, une partie du Cotentin et du Bessin (3). A l'époque du Lias moyen ou Charmouthien, la mer s'est étendue sur le bassin presque tout entier, laissant un îlot qui correspond à peu près à la vallée de la Seine de Paris jusqu'à l'embouchure. A l'époque du Lias supérieur ou Toarcien, la mer a légèrement perdu dans la région du nord-est, mais a gagné au contraire en Normandie.

Les Poissons de l'époque liasique ont été étudiés surtout par le Dr Sauvage. Ceux que l'on a trouvés proviennent presque tous des dépôts du Lias supérieur (Toarcien).

Squales Cestraciontes. — Il y a certainement des restes de Squales Cestraciontes dans les dépôts liasiques du bassin parisien, mais, jusqu'ici, peu de ces restes ont été signalés. P. Gervais (4) cite la présence de l'*Acrodus nobilis* Ag. dans le Lias inférieur des environs de Metz. Il figure des dents d'*Acrodus* provenant du calcaire à polypiers et de l'oolithe ferrugineuse de la même région, mais on a affaire ici au Jurassique moyen.

Téléostomes. — Famille des Sémionotidés. — Les Téléostomes proviennent surtout du Lias supérieur de Curcy (Calvados) et de celui des environs de Vassy (Yonne). Les Poissons s'y trouvent dans des nodules calcaires ou *miches*.

On remarque d'abord des Poissons couverts de fortes écailles émaillées (ganoïdes), ressemblant par la forme générale du corps à de grosses Carpes, et dont les dents robustes indiquent qu'ils devaient surtout se nourrir de Mollusques : les dents marginales sont cylindriques, arrondies au sommet ; les dents internes sont rondes

(1) P. Gervais, Zoologie et Paléontologie françaises, 1re édit., 1848-52. Expl. Poiss. foss., p. 13, pl. LXXVII, fig. 11.

(2) O. Terquem, Paléontologie de l'étage inférieur de la formation liasique de la province de Luxembourg et d'Hettange (*Mém. Soc. géol. France*, 2e sér., t. V, 1855, p. 241, pl. XIV, fig. 1 *a-d*).

(3) Voir les cartes relatives à l'extension des mers aux diverses époques géologiques dans le Traité de Géologie de A. de Lapparent, 5e édit., 1906.

(4) P. Gervais, *Loc. cit.* Expl. Poiss. foss., p. 13.

et aplaties. Les nageoires sont munies à leur partie antérieure de piquants disposés en chevrons, ce qu'on nomme des fulcres. La nageoire caudale est légèrement fourchue. Ces Poissons appartiennent au genre *Lepidotus* (1) et à l'espèce nommée *Lepidotus elvensis* Blainville sp. L'espèce a été signalée aux environs de Curcy et aussi dans le Lias de la Bourgogne (2).

Le genre *Dapedius* se distingue du précédent par la forme du corps plus court et plus arrondi, comprimé latéralement. Les nageoires sont munies d'une seule série de fulcres, au lieu de deux comme chez les *Lepidotus*. Les nageoires paires sont petites ; la nageoire dorsale est longue, la nageoire caudale légèrement fourchue. Les dents sont allongées et disposées en bouquets. Les écailles sont épaisses et quadrangulaires, ce qui avait engagé Agassiz à donner au genre le nom de *Tetragonolepis* (3). A Curcy se trouve le *Dapedius Magnevillei* Ag., et à Sainte-Colombe (Yonne), près Vassy, le *Dapedius Milloti* Sauvage (4).

Les deux genres que nous venons de citer appartiennent à la famille des Sémionotidés, caractérisée par ses grands fulcres et sa nageoire dorsale modérément longue. Cette famille, à laquelle appartiennent les genres *Colobodus* et *Semionotus* du Trias, *Sargodon* du Rhétien, remonte au Permien.

Famille des Pycnodontes. — Dans le Jurassique se développe une remarquable famille de Poissons dont le corps est comprimé et arrondi, les nageoires dorsale et anale très longues. Il n'y a pas de fulcres ; les écailles peuvent manquer au moins sur la région caudale ; la dentition est une dentition de broyeurs. Les dents sont préhensiles sur les prémaxillaires et les dentaires ; elles sont plates et arrondies sur le vomer et sur les éléments internes de la mâchoire inférieure (spléniaux) ; elles sont disposées en séries régulières, longitudinales.

Cette famille comprend un grand nombre de genres. Elle est extrêmement développée pendant les périodes jurassique et crétacée, et se poursuit jusque dans le Tertiaire inférieur. Elle commence dans la période liasique. M. Sauvage a étudié une dentition spléniale de Pycnodonte provenant du Lias des environs de Nancy. Il l'a attribuée au genre *Gyrodus* sous le nom de *G. Fabrei* Sauvage (5) ; dans le genre *Gyrodus*, il y a au vomer cinq séries et sur les spléniaux quatre séries de dents arrondies dont le sommet est séparé de la base par un sillon accusé, ce qui donne aux dents une apparence ombiliquée particulière.

Famille des Eugnathidés. — Une famille très importante du Jurassique est celle des Eugnathidés, comprenant des Poissons à corps allongé, ayant sur le bord des mâchoires de fortes dents coniques, tandis que les dents internes sont petites. Les écailles, couvertes d'émail, sont plus ou moins épaisses. Ces Poissons, évidem-

(1) F. Priem, Étude sur le genre *Lepidotus* (*Annales de Paléontologie*, t. III, 1908, p. 1-19, pl. I-II).
(2) Citée par P. Gervais sous le nom de *Lepidotus gigas* Ag. (*Loc. cit.*, 2e édit., 1857, p. 534).
(3) Ce nom est employé pour un autre groupe de Poissons fossiles.
(4) E. Sauvage, *Bull. Soc. sc. Yonne*, vol. XLV, 1891, p. 36, pl. III.
(5) E. Sauvage, *Bull. Soc. géol. France*, 3e sér., t. VI, 1878, p. 629-638, pl. XI, fig. 2-2*a*.

ment carnassiers d'après leur dentition, débutent pendant le Trias supérieur avec le genre *Heterolepidotus* et se continuent jusque dans le Crétacé supérieur.

Dans le genre *Eugnathus*, les écailles portent sur leur partie postérieure des stries transversales et des crénelures. Il paraît représenté dans le Lias supérieur des environs de Caen (1). Le genre *Ptycholepis*, où les écailles sont striées longitudinalement, a été trouvé dans le Toarcien de Sainte-Colombe ; il est représenté par le *P. bollensis* Ag. répandu dans les dépôts liasiques supérieurs d'Allemagne et d'Angleterre (2).

FAMILLE DES PACHYCORMIDÉS. — Le genre *Pachycormus* renferme des Poissons à corps comprimé qui s'effile fortement dans la région caudale pour se terminer par une grande nageoire fourchue. Les nageoires pectorales sont grandes et en forme de faucille ; il n'y a pas de nageoires ventrales. Les écailles sont petites et minces et de forme rhombique. Les fulcres sont petits ou nuls. Les dents sont fortes et coniques. Ce genre de Poissons carnassiers est développé dans le Lias supérieur. A Curcy, on trouve *Pachycormus macropterus* Blainv. sp. (trouvé aussi à La Caine (3)), *P. curtus* Ag. et une petite espèce non déterminée (4).

Dans le Lias supérieur de Beaune en Bourgogne, on a trouvé *P. macropterus*, à Sainte-Colombe (Yonne) *P. curtus* Ag. (5), à Vassy (Yonne) *P. (Saurostomus) esocinus* Ag. sp.

Le genre *Prosauropsis* de M. Sauvage diffère du précédent par une forme plus allongée et la présence de nageoires pelviennes. Le Lias de Vassy a fourni *P. elongatus* Sauvage.

Le genre *Euthynotus* est remarquable par l'ossification plus avancée de la colonne vertébrale et la présence de petits fulcres aux nageoires impaires. Il est représenté dans le Lias de la Bourgogne par *E. incognitus* Blainv. sp. (6), *E. Milloti* Sauvage sp. (Vassy). *E. Colteaui* Sauvage sp., également de Vassy, représente probablement le jeune âge de *E. Milloti*.

FAMILLE DES PHOLIDOPHORIDÉS. — Le genre *Pholidophorus* comprend des Poissons à écailles ganoïdes dont la colonne vertébrale présente des corps vertébraux en forme d'anneaux ; les fulcres existent, la queue est homocerque. Ce genre, qui débute à l'époque du Trias supérieur, est très répandu pendant toute la période jurassique et constitue, comme le dit M. Sauvage, la plèbe des espèces de cette période. L'apparence

(1) M. A. S. WOODWARD cite un petit Poisson du Lias supérieur de Caen et conservé au British Museum. Il appartient au genre *Eugnathus* ou *Heterolepidotus* (Catalogue, part III, p. 303).

(2) M. SAUVAGE a décrit le *Ptycholepis* de Sainte-Colombe sous le nom de *P. Barrati* (Essai sur la faune ichthyologique de la période liasique, suivi d'une notice sur les Poissons du Lias de Vassy, 2e partie (*Ann. Sc. géol.*, vol. VII, 1876, p. 8-11, pl. II, fig. 2)).

(3) E. SAUVAGE, *Bull. Soc. Linn. Normandie*, sér. 3, vol. VII, 1883, p. 144, pl. IV.

(4) A. SMITH WOODWARD, Catalogue, part III, p. 390.

(5) Il faut rapporter à cette espèce plusieurs Poissons décrits sous d'autres noms par M. Sauvage (A. S. WOODWARD, Catalogue, part III, p. 385).

(6) Cité par P. GERVAIS, *Loc. cit.*, 2e édit., p. 534, sous le nom de *Thrissops micropodius* Ag.

générale de ces Poissons devait être celle de nos Harengs (1) ; ils n'atteignent pas plus de 30 centimètres de long.

Le Lias supérieur de Normandie renferme *Pholidophorus* aff. *germanicus* Quenstedt (British Museum et Muséum de Paris) (pl. I, fig. 3). M. Sauvage (2) a décrit deux espèces du Lias supérieur de Vassy qui doivent être rapportées à ce genre : *P. retrodorsalis* Sauvage sp., *P. Gaudryi* Sauvage.

Famille des Leptolépidés. — Le genre *Leptolepis* renferme de petits Poissons de forme élancée communs dans les dépôts jurassiques et qui ont même persisté avec le genre voisin *Thrissops*, pendant la période crétacée. Ils sont couverts d'écailles émaillées, minces ; ils n'ont pas de fulcres ; leurs centres vertébraux sont bien ossifiés ; la queue est formée de deux lobes égaux ; elle est profondément fourchue. Les Poissons ressemblent aux Harengs, comme les Pholidophoridés, mais ils se distinguent de ces derniers par l'absence de fulcres et par leurs écailles qui ne sont pas articulées et qui sont peu épaisses. Ils font transition aux Téléostéens ou Poissons osseux.

On rencontre dans le Lias de Curcy et de la Caine *Leptolepis Bronni* Ag. On le retrouve dans le Toarcien de Vassy et de Rome-Château, près Couches-les-Mines (Saône-et-Loire) (3). Une autre espèce de Vassy est *L. autissiodorensis* Sauvage.

Comparaison des Poissons du Lias du bassin parisien avec ceux des régions voisines. — La faune ichthyologique de la mer du Lias qui couvrait le bassin parisien ne contenait que peu de Squales ; on n'a signalé jusqu'ici que des Cestraciontes broyeurs de coquilles : les *Acrodus*. Mais les Téléostomes étaient nombreux. Il y avait des espèces carnassières telles que les *Eugnathus*, *Ptycholepis*, et surtout *Pachycormus*, *Prosauropsis*, *Euthynotus*. Des Poissons de taille moindre et de dentition faible, les *Pholidophorus* et *Leptolepis*, devaient vivre en troupe à la manière des Harengs actuels et se nourrir d'organismes mous ou de matières en décomposition. Des Poissons lourds, fortement cuirassés, les *Lepidotus* et *Dapedius*, se nourrissaient surtout de Mollusques et ne devaient pas s'éloigner beaucoup des côtes. Il en était sans doute de même des Pycnodontes qui apparaissent pendant la période liasique.

En Angleterre, les principaux gisements liasiques sont Lyme-Regis pour le Lias inférieur et Whitby pour le Lias supérieur. On trouve dans les dépôts liasiques anglais de nombreux restes de Squales Cestraciontes des genres *Hybodus*, *Acrodus*, *Palæospinax* ; il y a peut-être même des Raies, mais encore mal connues (*Arthropterus Rileyi* Ag., *Cyclarthrus macropterus* Ag.). On trouve des Holocéphales (*Squaloraja*, *Myriacanthus*) rappelant les Chiméroïdes actuels.

(1) E. Sauvage, Essai sur la faune ichthyologique de la période liasique, 1re partie (*Ann. des Sc. géol.*, vol. VI, 1875, p. 40).

(2) Id., Recherches sur les Poissons du Lias supérieur de l'Yonne, zone à ciment de Vassy (*Bull. Soc. Hist. nat. Autun*, t. IV, 1891, p. 79-80, pl. IX, et t. V, 1892, p. 398, pl. XVII).

(3) M. Sauvage a rapporté à diverses espèces des Poissons qui ne sont autres que *L. Bronni*, d'après M. A. Smith Woodward (Catalogue, part III, p. 502).

Les Téléostomes sont nombreux. Il y a encore des Crossoptérygiens de la famille des Cœlacanthidés (genre *Undina*). Les Téléostomes Actinoptérygiens présentent des Palæoniscidés (*Centrolepis*, *Oxygnathus*, *Coccolepis*, *Platysiagum*), des Bélonorhynchidés, Poissons munis d'un bec en forme de rostre (*Belonorhynchus*, *Browneichthys*), des Chondrostéidés, ancêtres des Esturgeons (*Chondrosteus*, *Gyrosteus*). Les Sémionotidés du Lias anglais présentent de nombreuses espèces des genres *Lepidotus*, *Dapedius*, *Tetragonolepis*. Il y a des Pycnodontes du genre *Mesodon*. Les Eugnathidés sont abondants (*Eugnathus*, *Heterolepidotus*, *Ptycholepis*, *Osteorachis*, *Caturus*), ainsi que les Pachycormidés (plusieurs espèces de *Pachycormus*). On retrouve aussi en Angleterre les genres *Pholidophorus* et *Leptolepis*.

En Allemagne, les gisements liasiques les plus importants sont ceux de Boll, Holzmaden, Ohmden dans le Wurtemberg (Lias supérieur). L'ensemble de la faune ichthyologique est le même qu'en Angleterre. Les Squales Cestraciontes sont représentés par les genres *Hybodus*, *Acrodus*, *Palæospinax*, auxquels il faut ajouter *Bdellodus bollensis* Quenstedt, et le premier Squale de la famille des Lamnidés : *Orthacodus* (*Lamna*) *liassicus* Schönbach sp. (1). On retrouve des Bélonorhynchidés (*Belonorhynchus*), des Sémionotidés (nombreuses espèces de *Lepidotus*, *Tetragonolepis*, *Dapedius*), des Eugnathidés (*Heterolepidotus*, *Ptycholepis*, *Caturus*), de nombreux Pachycormidés (*Sauropsis*, *Pachycormus*, *Euthynotus*, *Pachylepis*), enfin les genres *Pholidophorus* et *Leptolepis*.

La faune ichthyologique est en somme la même à l'époque du Lias supérieur dans le bassin parisien, en Angleterre et en Allemagne, mais moins abondante dans notre bassin et privée des Squales. Les espèces communes aux trois régions sont : *Lepidotus elvensis* Blainv. sp., *Ptycholepis bollensis* Ag., *Pachycormus macropterus* Blainv. sp., *P. curtus* Ag., *P.* (*Saurostomus*) *esocinus* Ag. sp., *Pholidophorus germanicus* Quenstedt et *Leptolepis Bronni* Ag.

(1) Cette attribution est douteuse.

Liste des Poissons fossiles de la série liasique du bassin parisien.

NOMS DES ESPÈCES.	INFRA-LIAS.		LIAS PROPREMENT DIT.		
	RHÉTIEN.	HETTANGIEN.	SINÉMURIEN.	CHARMOUTHIEN.	TOARCIEN.
Élasmobranches.					
Hybodus sublævis Ag.	+				
— (*Orthybodus* Jackel) *cloacinus* Quenstedt	+				
— *minor* Ag.	+				
— (*Orthybodus* Jackel) *reticulatus* Ag.	+				
— sp.	+				
Acrodus minimus	+				
— *nobilis*			+		
— sp.		+			
Nemacanthus monilifer Ag.	+				
Holocéphales.					
Myriacanthus paradoxus		+			
Téléostomes.					
Gyrolepis Albertii Ag.	+				
Saurichthys acuminatus Ag.	+				
Sargodon tomicus	+				
Lepidotus elvensis Blainv. sp.					+
* *Dapedius Magnevillei* Ag.					+
* — *Milloti* Sauvage					+
* *Gyrodus Fabrei* Sauvage					+ ?
Ptycholepis bollensis Ag.					+
Pachycormus macropterus Blainv. sp.					+
— *curtus* Ag.					+
— (*Saurostomus*) *esocinus* Ag. sp.					+
* *Prosauropsis elongatus* Sauvage					+
Euthynotus incognitus Blainv. sp.					+
* — *Milloti* Sauvage					+
Pholidophorus aff. *germanicus* Quenstedt					+
* — *retrodorsalis* Sauvage sp.					+
* — *Gaudryi* Sauvage					+
Leptolepis Bronni Ag.					+
* — *autissiodorensis* Sauvage					+
Dipneustes.					
Ceratodus parvus Ag.	+				

Les noms marqués d'un astérisque sont ceux des espèces particulières au bassin parisien. On voit que sur 16 espèces de Téléostomes du Toarcien il y en a 8 de particulières, soit 50 p. 100.

PÉRIODE MÉSOJURASSIQUE

1° Époque bajocienne.

L'époque bajocienne est caractérisée par les constructions coralliennes qui commencent à s'établir. Une mer bajocienne s'est étendue sur l'Allemagne méridionale, le bassin parisien, l'Angleterre méridionale; elle avait son rivage sur le bord du massif armoricain, et les dépôts des environs de Bayeux, qui ont donné leur nom à l'étage, ont généralement un caractère littoral marqué.

Fig. 9. — *Hybodus* [*Orthybodus* Jackel] *grossiconus* Ag., dent, grandeur naturelle. Bajocien de Tennie, près Conlie (Sarthe) [coll. Michelin, Paléontologie, Muséum].

Squales Cestraciontes. — Les Poissons du Bajocien du bassin parisien sont peu nombreux jusqu'ici.

Les Squales Cestraciontes paraissent prédominants. Les broyeurs du genre *Acrodus* sont représentés par des dents d'espèce indéterminée trouvées dans le calcaire à polypiers des environs de Metz (1).

Le genre *Hybodus* se montre également. Le calcaire à polypiers de Longwy (Meurthe-et-Moselle) a fourni un aiguillon d'*Hybodus reticulatus* Ag (2). L'oolithe de Tennie, près Conlie (Sarthe), a fourni des dents d'*Hybodus* [*Orthybodus* Jackel] *grossiconus* Ag. [coll. Michelin, Muséum] (fig. 9). On doit rapporter au genre *Hybodus* la dent provenant de l'oolithe inférieure de May (Calvados) et décrite par E.-E. Deslongchamps sous le nom de *Meristodon* sp. (3).

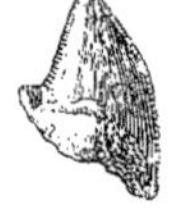

Fig. 10. — *Corax antiquus* E. Deslongchamps. Bajocien de Sully, près Bayeux (Calvados). Dent au double de la grandeur [coll. Faculté des Sciences de Caen].

Le genre *Strophodus*, qui prendra un grand développement à l'époque suivante et surtout pendant les temps jurassiques supérieurs, a laissé des dents plates et allongées dans le Bajocien de la Bourgogne. On trouve à Milly et à la Grisière (Saône-et-Loire) des dents de *Strophodus subreticulatus*, Ag.

Genre Corax. — Des Squales tout différents, à dents tranchantes et crénelées, paraissent avoir fréquenté également la mer bajocienne. M. E.-E. Deslongchamps a trouvé dans la malière de Sully, près Bayeux, niveau le plus inférieur du Bajocien, des dents qu'il a rapportées, sous le nom de *Corax antiquus* (fig. 10) (4), à un genre que nous ne retrouverons que pendant la période crétacée.

(1) P. Gervais, Zoologie et Paléontologie françaises, 1re édit., 1848-52, Expl. Poiss. foss., p. 13, 2e édit., 1859, p. 525, pl. LXXVII, fig. 10-10*a* et 12-12*a*.

(2) Id., 1re édit., p. 14; 2e édit., p. 526 et 536, pl. LXXVIII, fig. 1.

(3) E.-E. Deslongchamps, Le Jura Normand, monographie VI, 1877, p. 5-6, pl. I, fig. 6-7.

(4) E.-E. Deslongchamps, Le Jura Normand, monographie VI, 1877, p. 4, pl. I, fig. 4-5. M. le professeur Bigot, de la Faculté des Sciences de Caen, a bien voulu me communiquer cette dent ici figurée. Elle paraît bien appartenir au genre *Corax* et ressemble beaucoup à celles du *Corax falcatus* Ag. du Crétacé.

Téléostomes. — Les Téléostomes du Bajocien du bassin parisien sont peu connus. Je ne puis citer que le genre *Lepidotus*, auquel se rapporte une petite dent ronde trouvée dans le Bajocien de Vergisson (Saône-et-Loire) [coll. de Ferry, Muséum].

2° Époque bathonienne.

La mer bathonienne a complètement submergé le bassin de Paris et la région du nord de la France. Ses dépôts renferment de nombreux restes de Poissons.

Squales Cestraciontes. — Des dents assez nombreuses du genre *Hybodus* ont été trouvées dans les dépôts bathoniens de la Normandie ; telles sont :

Hybodus grossiconus Ag., Caen (Calvados), Écouché [Orne (1)].
— *polyprion* Ag., Écouché.
— *obtusus* Ag., Caen, Écouché.
— sp., Mamers (Sarthe),

et aussi des piquants. C'est ainsi que j'ai vu dans la collection de M. Fortin, de Rouen, un piquant d'*Hybodus crassus* Ag. provenant du Bathonien d'Écouché et un fragment d'épine céphalique d'*Hybodus*, en forme de crochet semi-barbelé, provenant de la même localité.

Des dents triturantes de la même collection et de la même localité doivent être rapportées au genre *Acrodus*. Je rapporte avec doute au genre *Bdellodus* de petites dents de même provenance grossièrement quadrilatères, couvertes de réticulations. Ce genre n'est connu que par une espèce, *B. bollensis* Quenstedt du Lias supérieur du Wurtemberg.

Les dents triturantes, plates et allongées, du genre *Strophodus* ont été trouvées en Normandie et dans le sud du bassin parisien :

Strophodus longidens Ag., Caen.
— *magnus* Ag., Écouché (Orne), Mamers (Sarthe), Saint-Gaultier [Indre (2)], Grimault (Yonne).
— *reticulatus* Ag., Écouché (Orne), Saint-Gaultier, Argenton-sur-Creuse (Indre), Jully (Yonne).

Les dents de *S. reticulatus* Ag. et *S. subreticulatus* Ag. sont maintenant rapportées au Poisson dont les forts piquants dorsaux recouverts de tubercules radiés ont été appelés *Asteracanthus ornatissimus* Ag. (3).

(1) Les fossiles d'Écouché (Orne) sont cités d'après la collection de M. Fortin, de Rouen.
(2) E. Sauvage, Note sur les Poissons et les Reptiles du Jurassique inférieur du département de l'Indre (*Bull. Soc. géol.*, 3e sér., t. XXVII, 1900, p. 500-504, pl. IX).
(3) A. Smith Woodward, On some remains of the extinct Selachian *Asteracanthus* from the Oxford Clay of Peterborough, preserved in the collection of Alfred N. Leeds Esq. of Eyebury (*Ann. Mag. nat. Hist.*, sér. 6, vol. II, 1888, p. 336-342, pl. XII).

On doit citer aussi des vertèbres de Squales trouvées à Écouché et à Saint-Gaultier.

Des ichthyodorulithes très longs, très comprimés latéralement avec une simple série de grands denticules pointus sur le bord postérieur ont été appelés par Agassiz (1) *Pristacanthus securis*. Ils proviennent des carrières d'Allemagne, près de Caen. On en a trouvé de semblables dans le Bathonien de Stonesfield, près d'Oxford, en Angleterre. Ils ont appartenu à des Squales Cestraciontes ou à des Chiméroïdes.

Holocéphales. — Les Chiméroïdes, aujourd'hui représentés par quelques genres, tels que *Chimæra*, *Callorhynchus*, sont remarquables par la possession de plaques dentaires portant des aires particulièrement durcies par le dépôt de sels calcaires et qu'on appelle les aires triturantes. Elles permettent à l'animal de broyer les coquillages dont il se nourrit. Dans la famille des Chiméridés, il y a deux paires de plaques dentaires (palatines et vomériennes) formant la mâchoire supérieure et une paire de plaques en forme de bec constituant la dentition inférieure et se rencontrant en une symphyse.

Cette famille est représentée dans les dépôts bathoniens par le genre *Ischyodus* qui se continue jusque dans la période crétacée. Il y a quatre aires triturantes sur les dents palatines : il y a toujours deux aires triturantes externes sur les dents mandibulaires.

On trouve dans le Bathonien de Caen *Ischyodus emarginatus* Egerton (*I. Tessoni* Ag.)

Téléostomes. — Le genre *Lepidotus* paraît rare. Dans la collection Fortin, j'ai trouvé une dent ronde de *Lepidotus* surmontée d'une petite pointe mousse et provenant d'Écouché. Il y a aussi des écailles de *Lepidotus*, conservées au Muséum (coll. Michelin) et provenant du Bathonien de Mamers.

Les Pycnodontes sont plus nombreux. Le genre *Gyrodus*, déjà signalé à l'époque liasique, se montre dans le Bathonien de Normandie [*G. punctatus* Ag. (=? *Pycnodus umbonatus* Ag. (2)].

Le seul genre de Pycnodontes bien développé est le genre *Mesodon* avec cinq séries longitudinales de dents sur le vomer dont celle du milieu composée de dents plus grandes ; il y a un nombre variable de séries sur le splénial. Le Bathonien du bassin parisien a fourni les espèces suivantes représentées par des dentitions ou par des dents isolées :

Mesodon gigas Ag. sp., Mamers (Sarthe).
— aff. *bathonicus* Sauv., Saint-Gaultier (Indre).
— *rugulosus* Ag. sp., Caen.
— *Bucklandi* Ag. sp., Caen.
— *radiatus* Ag. sp., Caen.
— sp. (dent isolée), Écouché.

(1) L. Agassiz, *Loc. cit.*, vol. III, 1837, p. 35-36, pl. VIII *a*, fig. 11-13. — E. Deslongchamps, *Mém. Soc. Linn. Normandie*, vol. II, 1825, p. 271, fig. 1-3, « Défense caudale ».

(2) Cité par P. Gervais sous le nom de *Pycnodus umbonatus* (Zool. et Pal. franç., 2e édit., p. 535).

Des dents coniques d'Écouché (coll. Fortin) pourraient appartenir à un Poisson carnassier du genre *Eugnathus*. La même collection renferme, et provenant de la même localité, un fragment peu déterminable, peut-être d'*Aspidorhynchus*?

En résumé, la mer bathonienne du bassin parisien contenait surtout des Squales Cestraciontes des genres *Hybodus*, *Asteracanthus* (= *Strophodus*), *Acrodus*, des Chiméroïdes du genre *Ischyodus* et des Pycnodontes du genre *Mesodon*.

Comparaison des Poissons du Bathonien du bassin parisien avec ceux des régions voisines. — Le Bathonien du Boulonnais a fourni à M. le Dr Sauvage un grand nombre de restes de Poissons fossiles. Ils proviennent pour la plupart des environs de Marquise (1).

On y trouve des piquants d'*Asteracanthus ornatissimus* Ag. et *A. lepidus* Dollfus, des dents de *Strophodus* : *S. reticulatus* Ag., *S. magnus* Ag., *S. Hamyi* Sauvage, *S.* (*Curtodus*) *Rigauxi* Sauvage sp., *S. tenuis* Ag. On sait que les dents de *S. reticulatus* doivent être rapportées aux Poissons dont les piquants sont appelés *Asteracanthus ornatissimus* Ag.

Les Holocéphales du genre *Ischyodus* paraissent aussi être représentés dans le Bathonien du Boulonnais (Réty, près Boulogne).

Les Téléostomes sont représentés par des écailles de *Lepidotus*, qu'il faut rapporter à *L. lævis* [var. *radiatus* Ag. (2)] et par des dents qu'il faut probablement rapporter à la même espèce. Il y a également des Pycnodontes du genre *Mesodon* (3) ; on trouve des dentitions spléniales que le Dr Sauvage a rapportées à des espèces nouvelles : *M. Gervaisi*, *M. boloniensis*, *M. bathonicus*.

On voit donc que le Bathonien du Boulonnais présente pour la faune ichthyologique un ensemble analogue à celui du Bathonien du bassin parisien.

Le Bathonien est développé en Angleterre où le principal gisement est Stonesfield. Les restes de Poissons sont nombreux.

Les Cestraciontes sont : le genre *Hybodus* (avec plusieurs espèces, entre autres *H. polyprion* et *H. grossiconus* trouvés déjà dans le bassin parisien), le genre *Acrodus*, et le genre *Asteracanthus* représenté par des aiguillons dorsaux et par des dents (*Strophodus*). Il y a notamment *Strophodus Rigauxi* Sauvage sp. du Bathonien du Boulonnais.

Les Holocéphales sont nombreux et appartiennent aux genres *Ganodus* et *Ischyodus*. On trouve en particulier : *I. emarginatus* Egerton signalé dans le Bathonien de Normandie.

Les Ichthyodorulithes sont : *Nemacanthus brevis* Ag. et *Pristacanthus securis* Ag., ce dernier du Bathonien de Normandie.

(1) E. Sauvage, Catalogue des Poissons des formations secondaires du Boulonnais (*Mém. Soc. Ac. Boulogne-sur-Mer*, t. II, 1867), 100 p., 4 pl. — Nouveau catalogue des Poissons des formations secondaires du Boulonnais (*Ibid.*, 1905), 23 p.

(2) Je considère *Lepidotus radiatus* Ag. comme une simple variété de *L. lævis* Ag.

(3) J.-F. Blake, A monograph of the fauna of the Cornbrash (*Palaeont. Soc. London*, 1905, p. 32), propose le nom de *Macromesodon*, le nom de *Mesodon* étant préoccupé par Rafinesque pour un Hélicidé.

Mais le Bathonien d'Angleterre présente des Dipneustes (*Ceratodus Phillipsi* Ag.) et des Téléostomes Crossoptérygiens (*Undina* sp.) inconnus dans le Bathonien du bassin parisien.

En outre, les Téléostomes Actinoptérygiens sont plus variés. Il y a des *Lepidotus* (*L. tuberculatus* Ag.), des Pycnodontes du genre *Mesodon* avec plusieurs espèces telles que *M. Bucklandi* Ag. sp., *M. rugulosus* Ag. sp. du Bathonien du bassin parisien et *M. bathonicus* Sauvage de celui du Boulonnais. Il y a de plus des Pycnodontes du genre *Microdon*, des Aspidorhynchidés (genres *Aspidorhynchus* et *Belonostomus*?), des Pholidophoridés (genre *Pholidophorus*), des Leptolépidés (genres *Leptolepis* et *Ctenolepis*), sans compter des Macrosémiidés (genres *Ophiopsis* et *Macrosemius*) et des Palæoniscidés (*Oxygnathus* sp.). On peut dire que la faune ichthyologique de la mer bathonienne du bassin parisien et du Boulonnais n'est autre que celle de la mer bathonienne d'Angleterre, mais moins variée.

En Allemagne, le Jura brun ou dogger correspond au Bajocien et au Bathonien. Dans le Wurtemberg, il a fourni comme Poissons diverses espèces de Cestraciontes des genres *Acrodus*, *Hybodus*, *Strophodus*, de nombreuses espèces particulières de Chiméroïdes du genre *Ischyodus*, des ichthyodorulithes (*Psilacanthus aalensis* Quenstedt) et une espèce de *Pholidophorus* (*P. aalensis* Quenstedt).

PÉRIODE NÉOJURASSIQUE

1° Époques callovienne et oxfordienne.

L'époque callovienne marque le commencement du Jurassique supérieur. Elle est caractérisée par le dépôt de sédiments vaseux, tandis que l'époque oxfordienne, qui lui succède, a été une époque de constructions coralliennes. Le bassin parisien au début du Jurassique supérieur a été complètement occupé par la mer.

Les Poissons fossiles calloviens sont assez abondants.

Squales Cestraciontes. — Les Squales Cestraciontes sont représentés surtout par le genre *Asteracanthus* dont on trouve les piquants couverts de tubercules et armés de deux séries de denticules postérieurs. Les énormes aiguillons d'*Asteracanthus ornatissimus* Ag., longs d'au moins 50 centimètres, se montrent dans le Callovien des Vaches-Noires (Calvados), avec les piquants plus petits d'*A. minor* Ag.

On doit rapporter aux Poissons dont les piquants sont appelés *Asteracanthus* les dents triturantes du genre *Strophodus*. Celles qui portent les noms de *S. reticulatus* Ag., *S. subreticulatus* Ag. appartiennent à *A. ornatissimus*. On en trouve dans bien des dépôts calloviens du bassin parisien, comme à Argence (Calvados), Etrochey, Châtillon-sur-Seine (Côte-d'Or), Tournus (Saône-et-Loire). Des dents de *Strophodus tenuis* Ag., qu'il faut, d'après M. A. Smith Woodward, rapprocher des piquants appelés *Asteracanthus acutus* Ag., ont été trouvées dans le Callovien de Gigny et Sennevoy (Yonne).

Notidanidés. — Les Squales du genre *Notidanus*, encore existant, sont caractérisés par des dents comprimées latéralement et portant toute une série de pointes leur donnant l'apparence d'une scie.

Le genre *Notidanus*, très douteux à l'époque liasique, se montre d'une manière certaine à l'époque callovienne. Il est représenté par *Notidanus Muensteri* Ag. M. Lalment, instituteur à Lenglay (Côte-d'Or), m'a communiqué une dent de cette espèce provenant du Callovien de Latrecey (Haute-Marne).

Lamnidés. — Les Squales carnassiers de la famille des Lamnidés, munis de dents longues et comprimées, qui portent souvent de petits denticules latéraux, présentent tout leur développement dans la période crétacée et la période tertiaire. Ils sont représentés à l'époque callovienne par le genre *Orthacodus* (*Sphenodus*) (1). *O. longidens* Ag. sp. a été signalé dans le Callovien de Gigny (Yonne), et M. Lalment m'a remis des dents de cette espèce provenant de Latrecey (Haute-Marne). On doit signaler aussi des vertèbres de Squales trouvées aux Vaches-Noires (Calvados).

(1) M. A. Smith Woodward a proposé (Catalogue, part I, p. 349) le nom nouveau d'*Orthacodus* pour le genre *Sphenodus* d'Agassiz, afin d'éviter la confusion avec le nom de *Sphenodon* qui est préoccupé. Le professeur O. Jaekel (Ueber Hybodus Agassiz, *loc. cit.*, p. 139) place le genre *Orthacodus* parmi les Hybodontes.

Ainsi, aux Cestraciontes surtout broyeurs de coquillages, s'adjoignent maintenant des Squales carnassiers à dents tranchantes, les *Notidanus* et les *Orthacodus*.

Téléostomes. — Genre Lepidotus. — On retrouve dans le Callovien et l'Oxfordien le genre *Lepidotus*, bien qu'il paraisse moins répandu qu'aux époques précédentes. Des écailles de *Lepidotus* sp. ont été recueillies dans le Callovien de Pougues (Nièvre) [coll. du Muséum]. M. Sauvage a signalé un fragment de mâchoire de *Lepidotus* provenant de l'Oxfordien supérieur de Châtel-Censoir (Yonne) et a décrit, de l'Oxfordien supérieur de Lézinnes (Yonne), une nouvelle espèce, *L. lævigatus* (1).

Pycnodontes. — Les Pycnodontes sont représentés par le genre *Mesodon*. On trouve des dents isolées appartenant à ce genre dans le Callovien de Latrecey, dans celui de Châtillon-sur-Seine, dans le Callovien de Gigny (Yonne). Ces dents indiquent une espèce voisine de *Mesodon gigas* Ag.

Eugnathidés et Pachycormidés. — Il y avait aussi à l'époque callovienne dans la mer du bassin parisien des Téléostomes carnassiers pourvus de dents coniques. On doit sans doute rapporter, d'après M. A. Smith Woodward, à un Eugnathidé du genre *Caturus* la tête trouvée dans le Callovien des Vaches-Noires et appelée par Agassiz *Pachycormus macropomus*. Les mêmes couches renferment les restes d'un grand Poisson, probablement un Pachycormidé, que M. A. Smith Woodward regarde comme appartenant au même genre que la *Leedsia problematica* A.-S. Woodward de l'Oxford-clay d'Angleterre (2).

Pholidophoridés. — Les Poissons du genre *Pholidophorus* se montrent également dans le Callovien supérieur de Dives (Calvados) (3). Nous allons rencontrer ce genre de Poissons, de taille médiocre et mal armés, jusqu'au sommet de la série jurassique.

Comparaison des Poissons fossiles du Callovien et de l'Oxfordien avec ceux des régions voisines. — La faune ichthyologique des époques callovienne et oxfordienne semble caractérisée par l'apparition des Squales de la famille des Notidanidés et de la famille des Lamnidés, et aussi par le développement du genre *Asteracanthus* qui atteint son apogée au point de vue de la taille (*A. ornatissimus*).

Le Callovien supérieur du Boulonnais a fourni à M. Sauvage, surtout au Wast, près de Boulogne, des dents de *Notidanus Muensteri*, des piquants d'*Asteracanthus* (*A. wastensis* Sauvage), et aussi des restes de *Lepidotus* (*L. lævigatus* Sauvage). Le Dr Sauvage a également signalé la présence de dents de Chiméroïde : *Ischyodus Egertoni* Buckland dans le Callovien de Lottinghem. Il y a aussi des dents d'*Hybodus* (*H. acutus* Ag.).

En Angleterre, il y a toute une série de couches argileuses, l'Oxford-clay,

(1) E. Sauvage, Étude sur les Poissons et les Reptiles des terrains crétacés et jurassiques supérieurs de l'Yonne (*Bull. Soc. Sc. Yonne*, vol. XXXIII, 1879, p. 20-84, 8 pl.) — P. Gervais (Zool. et Pal. franç., 2e édit., p. 533) cite à Baron (Calvados), dans l'Oxfordien, une espèce liasique de Sémionotidé : *Dapedius politus* Ag. ; il doit y avoir erreur.

(2) A. Smith Woodward, Catalogue, part III, 1895, p. 414.

(3) Id., p. 475.

correspondant aux étages callovien supérieur et oxfordien inférieur; la partie basse de cette série est l'assise calcaire dite Kelloway-rock.

On trouve dans ces dépôts d'Angleterre toute une faune ichthyologique : des Cestraciontes : *Hybodus* et *Asteracanthus* (*Strophodus*), des *Notidanus*, des Sémionotidés des genres *Lepidotus* et *Heterostrophus*, des Pycnodontes (*Mesturus Leedsi* A. S. Woodward), des Pachycormidés des genres *Hypsocormus*, *Leedsia*, *Sauropsis*, des Aspidorhynchidés (*Aspidorhynchus euodus* Egerton), des Pholidophoridés (*Pholidophorus* sp.) et des Leptolépidés (genres *Leptolepis* et *Thrissops*). Comme espèce commune avec les dépôts calloviens et oxfordiens du bassin de Paris, il n'y a que *Asteracanthus ornatissimus* Ag., mais l'ensemble de la faune, bien que plus riche, est à peu près le même que celle du bassin parisien.

Dans l'Oxfordien d'Allemagne, on trouve le genre *Notidanus* (*N. contrarius* v. Münster) et l'*Orthacodus longidens* Ag. sp., comme dans le bassin parisien.

2° Époque séquanienne.

L'époque séquanienne est remarquable par le grand développement des formations coralligènes dans le bassin parisien, surtout dans l'est. La mer, à cette époque, s'est moins étendue dans les régions de l'Ouest qu'aux époques précédentes.

Squales Cestraciontes. — On retrouve les Cestraciontes, tels que :

Hybodus marginalis Ag., piquant, Auxerre.
Hybodus grossiconus Ag., Glos (Calvados).
— sp., dents et épine céphalique, Cordebugle (Calvados) (1).
Asteracanthus sp., piquant, Cordebugle.
— *ornatissimus* Ag., dents (*Strophodus reticulatus* Ag. et *S. subreticulatus* Ag.), Tonnerre, Mailly-la-Ville, Saint-Martin (Yonne).
— sp., dents, Saint-Martin.

Holocéphales. — Les Chiméroïdes sont représentés par des fragments de dents d'*Ischyodus* trouvés à Cordebugle.

Téléostomes. — Genre Lepidotus. — Les Poissons du genre *Lepidotus* sont assez nombreux, mais n'ont généralement laissé que des débris isolés, tels que :

Lepidotus lævis Ag. ? dents et écailles, Cordebugle.
— *maximus* Wagner, dents, Mailly-la-Ville, Flavigny (Yonne).
— sp., écailles, La Ferté-Bernard (Sarthe) [coll. d'Orbigny, Muséum].

Pycnodontes. — Les Pycnodontes sont assez nombreux. Ils appartiennent surtout

(1) A. Bigot et L. Brasil, Description de la faune des sables jurassiques supérieurs du Calvados, 1re partie (*Mém. Soc. Linn. Normandie*, 2e sér., t. V, 1er fasc., 1902-1904). Les Poissons sont signalés p. 95-98, pl. IV, fig. 4-11.

au genre *Mesodon*, déjà signalé dans les époques antérieures, et au genre *Microdon* où le nombre de séries des dents spléniales est constant et égal à quatre. Les dents sont petites et les dents de la série principale sur les spléniaux et sur le vomer diffèrent généralement moins, par leur largeur, des dents des autres rangées que chez le genre *Mesodon*. La forme du corps est ramassée, presque circulaire.

On connaît les espèces suivantes dans le Séquanien :

Mesodon gigas Ag. sp., dents isolées, Mailly-la-Ville, Flavigny (Yonne).
— sp., dents, Glos, Cordebugle (Calvados), La Ferté-Bernard (Sarthe), Bar-sur-Aube (Aube), Flavigny (Yonne).
Microdon coralli Sauvage sp. (splénial), Tonnerre (Yonne).
— sp., dents isolées, La Ferté-Bernard (Sarthe) (sous le nom de *Pycnodus Hugii* Ag.) [coll. d'Orbigny, Muséum].

En outre, M. Sauvage rapporte à un genre nouveau une dentition vomérienne qui a plus de cinq rangées de dents, et trouvée dans le Séquanien supérieur de Tonnerre. Il la nomme *Uranoplosus Cotteaui*.

Comparaison avec les Poissons séquaniens des régions voisines. — La faune ichthyologique séquanienne du bassin parisien se compose donc de Squales Cestraciontes (*Hybodus*, *Asteracanthus* = *Strophodus*), de Chiméroïdes du genre *Ischyodus*, de Téléostomes des genres *Lepidotus*, *Mesodon*, *Microdon*. C'est tout un assemblage de Poissons broyeurs de coquilles et de polypiers.

Dans le Séquanien du Boulonnais, il y a un assemblage analogue : des Cestraciontes comme *Strophodus* (*Curtodus*) *corallinus* Sauvage sp. = *S. reticulatus* Ag., des Pycnodontes du genre *Mesodon* (espèce indéterminée) et d'autres Pycnodontes non déterminés (dents isolées).

Dans le Séquanien d'Allemagne, notamment dans le Hanovre, on trouve des dents et des piquants de Cestraciontes (genres *Hybodus* et *Asteracanthus*), en particulier l'*Asteracanthus ornatissimus* Ag. Il y a plusieurs espèces de *Notidanus* (tels que *N. Muensteri* Ag.) et l'*Orthacodus longidens*, déjà signalé dans le Callovien du bassin parisien, avec *N. Muensteri*. Le genre *Lepidotus* paraît être représenté par les dents rondes appelées *Sphærodus*, dont plusieurs espèces, nommées par G. von Münster, se trouvent dans le Séquanien d'Allemagne. On rencontre également des Pycnodontes des genres *Microdon* (*M. irregularis* Quenstedt), *Mesodon* (*M. granulatus* v. Münster) et *Gyrodus* (*G. umbilicus* Ag.), ainsi qu'un Pycnodonte non décrit appelé par Münster *Pycnodus gracilis*.

Le Séquanien d'Angleterre a fourni aussi des dents d'*Hybodus* (*H. obtusus* Ag.) et des Pycnodontes (*Mesodon granulatus* Münster, *M. lævior* Fricke et *Gyrodus punctatus* Ag.).

On peut noter l'extension de diverses espèces de Cestraciontes, tels que l'*Hybodus grossiconus* qui se trouve déjà à l'époque bajocienne et qui se montre encore à l'époque séquanienne, l'*H. obtusus* qui remonte à l'époque bathonienne, l'*Asteracanthus ornatissimus* dont on trouve déjà les dents (*Strophodus subreticulatus*) dans les dépôts bajociens. Les *Notidanus Muensteri* et *Orthacodus longidens* remontent, comme nous l'avons vu, à l'époque callovienne. Un Pycnodonte, le *Mesodon gigas*, remonte à l'époque bathonienne, et il en est peut-être de même du *Gyrodus punctatus*.

3° Époque kimméridgienne.

A l'époque kimméridgienne, la mer couvrait le bassin parisien, mais elle n'y a guère déposé que des sédiments argileux ; les formations coralligènes ne se trouvent plus que dans le Berry et la Bourgogne (1).

Squales Cestraciontes. — Les Squales Cestraciontes ont laissé dans les dépôts kimméridgiens des piquants dorsaux. On trouve ainsi à la Hève, près du Havre, de grands piquants d'*Asteracanthus ornatissimus* Ag., et dans la même localité d'autres aiguillons que M. A. Dollfus a appelés *A. lepidus* (2). On y voit également des dents auxquelles M. A. Dollfus a donné le nom de *Strophodus normanianus* (3). Elles ont peut-être appartenu au Poisson dont les piquants sont appelés *Asteracanthus lepidus*.

Holocéphales. — Les Chiméroïdes du genre *Ischyodus* sont également représentés au cap de la Hève par des dents d'*I. Beaumonti* Egerton (4); espèce du Kimméridgien du Boulonnais et d'Angleterre.

Téléostomes. — Genre Lepidotus. — Les Téléostomes du genre *Lepidotus* sont abondants.

Dans le Kimméridgien de la Hève, il y a des écailles de *L. lævis* Ag., espèce qui remonte à l'époque bathonienne, et une espèce différente appelée par M. Sauvage *L. Lennieri* (5).

Des débris de *Lepidotus* ont été trouvés dans les marnes kimméridgiennes de Buzancourt (Oise) et ont été rapportés à *Lepidotus minor* Ag., espèce du Jurassique le plus supérieur (Purbeckien) d'Angleterre (6); dans les marnes kimméridgiennes de Lanlu et de Villers-sur-Mont (Oise), il y a aussi, d'après Graves, des dents qu'il appelle *Sphærodus depressus* Ag. ; ce sont sans doute des dents de *Lepidotus*.

Enfin, dans le Jurassique supérieur (probablement le Kimméridgien) de Bourges, il y a des écailles qu'on doit rapporter à une espèce voisine de *L. Mantelli* Ag.

(1) A. de Lapparent, *Loc. cit.*, p. 1254.
(2) A. Dollfus, Faune kimméridgienne du cap de la Hève, 1863, p. 34, pl. II, fig. 1-7.
(3) Id., p. 33, pl. I, fig. 3-6.
(4) E. Sauvage, *Bull. Soc. géol. France*, 3e sér., t. XXIV, 1896, p. 461.
(5) E. Sauvage, Description de deux espèces nouvelles de Poissons du terrain kimméridgien du cap de la Hève (*Bull. Soc. géol. Normandie*, t. XIV, 1893, p. 35, pl. I).
(6) L. Graves, Essai sur la topographie géognostique du département de l'Oise. Beauvais, 1847, p. 587, et liste, p. 44. La plupart des Poissons fossiles de l'Oise signalés par Graves ont été déterminés par Agassiz.

PYCNODONTES. — Le Kimméridgien renferme aussi, dans le bassin parisien, des Pycnodontes. Ce sont :

Gyrodus wannerius A. Dollfus, La Hève (Seine-Inférieure), dents détachées.
— sp., Cauville (Seine-Inférieure), dents (coll. Fortin).
Mesodon Nicoleti Ag. sp., Ouanne (Yonne), splénial.

Enfin M. Sauvage a signalé des débris trouvés au cap de la Hève (tête et nageoires pectorales) et qu'il a appelés *Pachycormus insignis*. Suivant M. A. Smith Woodward, il s'agit plus probablement d'un Eugnathidé du genre *Caturus*.

En résumé, la faune ichthyologique du bassin parisien se compose essentiellement de Squales Cestraciontes, de Chiméroïdes, de *Lepidotus* et de Pycnodontes. Elle renferme des espèces : *Asteracanthus ornatissimus* Ag. et *Lepidotus lævis* Ag. qui se trouvent déjà dans les niveaux inférieurs.

Comparaison avec les Poissons du Kimméridgien des régions voisines. — Nous trouvons une faune analogue, mais plus riche, dans les dépôts kimméridgiens du Boulonnais. Il y a des Squales Cestraciontes du genre *Hybodus* (*H. acutus* Ag., *H. Lefebvrei* Sauvage et *H.* sp. piquants, *H. obtusus* Ag., *H. grossiconus* Ag. dents) et du genre *Asteracanthus* (*A. ornatissimus* Ag., *A. lepidus* A. Dollfus piquants, *Strophodus reticulatus* et *S.* sp. dents). Mais il y a en outre un Lamnidé, *Orthacodus longidens* Ag. sp., déjà signalé dans les dépôts calloviens.

Les Holocéphales sont nombreux dans le Boulonnais et appartiennent au genre *Ischyodus* (*I. Egertoni* Buckland, *I. Beaumonti* Egerton, *I. Dufresnoyi* Egerton, *I. Sauvagei* Hamy).

On trouve plusieurs espèces de *Lepidotus* (*L. affinis* Fricke, *L. lævis* [var. *palliatus* Ag.], *L. maximus* Wagner et *L.* sp.)

Les Pycnodontes sont abondants et appartiennent aux genres *Gyrodus* (*G. Cuvieri* Ag., *G. umbilicus* Ag., *G. subcontiguidens* Sauv., *G. Dutertrei* Sauv.), *Mesodon* (*M. Bouchardi* Sauv., *M. Lennieri* Sauv., *M. Rigauxi* Sauv., *M. affinis* Nicolet sp. ; ce dernier provient peut-être, ainsi que *M. Bouchardi*, du Portlandien inférieur ; enfin *M.* cf. *granulatus* Münster sp.). M. Sauvage a fondé le genre *Athrodon* pour des dentitions de Pycnodontes où les dents sont disposées irrégulièrement. Le Kimméridgien du Boulonnais renferme *Athrodon boloniensis* Sauv., et de plus des dents de Pycnodontes indéterminés.

M. Sauvage a trouvé également dans le Kimméridgien supérieur de Châtillon, près de Boulogne, des ossements qu'il attribue à un Pachycormidé, sous le nom d'*Hypsocormus Beaugrandi*.

Le Kimméridgien d'Angleterre renferme des Cestraciontes (*Hybodus*, *Asteracanthus*, *Cestracion* aff. *falcifer* Wagner), mais aussi un Élasmobranche batiforme du genre *Rhinobatus*. Les Holocéphales appartiennent au genre *Ischyodus*.

On trouve encore dans le Kimméridgien d'Angleterre des Cœlacanthidés

(*Corroderma substriolatum* Huxley sp.). Le genre *Lepidotus* est représenté par plusieurs espèces, notamment *L. lævis* (var. *palliatus* Ag.) et *L. maximus* Wagner.

Les Pycnodontes appartiennent aux genres *Gyrodus* (notamment *G. Cuvieri* Ag.), *Microdon*, *Mesodon* (notamment *M. granulatus* Münster sp.).

Il y a en outre des Eugnathidés des genres *Caturus* et *Eurycormus*, des Pachycormidés (*Hypsocormus*, *Leedsia*), des Aspidorhynchidés (*Belonostomus*), des *Pholidophoridés* (*Pholidophorus*) et des Leptolépidés (*Thrissops*).

Les schistes lithographiques de Solenhofen, Eichstätt, Kelheim, etc., en Allemagne, autrefois regardés comme kimméridgiens, sont considérés aujourd'hui comme appartenant à l'étage portlandien inférieur.

Nous voyons que les espèces d'*Asteracanthus* du bassin parisien (*A. ornatissimus* et *A. lepidus*) se trouvent aussi dans le Kimméridgien du Boulonnais, et même *A. ornatissimus* se trouve en Angleterre et paraît très répandue dans l'espace et dans le temps.

L'*Ischyodus Beaumonti* Egerton est aussi répandue dans le Boulonnais, et en Angleterre.

Parmi les espèces de *Lepidotus*, *L. lævis* Ag. est également commune et sa variété *L. palliatus* Ag. se trouve dans le Boulonnais, en Angleterre, dans le Kimméridgien de la Charente, dans celui du Jura et du Bugey.

Le *Mesodon Nicoleti* Ag. sp. du Kimméridgien de l'Yonne se trouve dans les dépôts du même âge dans le Jura français et suisse et paraît s'être avancé de cette région dans le bassin parisien par le détroit qui réunissait ce bassin à la région jurassienne.

4° Époque portlandienne.

A l'époque portlandienne, la mer abandonne le bassin parisien et n'en occupe que la lisière orientale : la Haute-Marne, la Meuse. On trouve aussi des dépôts portlandiens dans le pays de Bray. Il y en a d'importants en Angleterre et dans le Boulonnais.

Téléostomes. — Genre Lepidotus. — Les Poissons de l'époque portlandienne dans le bassin parisien sont des Téléostomes. Le genre *Lepidotus* est représenté par *L. maximus* Wagner qu'on verra jusque dans l'Infracrétacé. Cette espèce a été découverte à Ville-sur-Saulx dans la Meuse. Elle est signalée aussi par Graves dans le pays de Bray (Oise), à Hanvoile, Hodenc-en-Bray, Hyancourt. Dans cette dernière localité, on a trouvé aussi des dents d'un *Lepidotus* indéterminé (*Sphærodus depressus* Ag.) ; également à Cuy-Saint-Fiacre (Seine-Inférieure), dans la même région, il y a des dents de *Lepidotus*.

Pycnodontes. — Les Pycnodontes sont nombreux et appartiennent à plusieurs genres :

1° Il y a des *Microdon* : *M. vicinus* Cornuel sp., Ville-sur-Saulx (Meuse) ;

2° Des *Mesodon* : *M. Sauvagei* Pictet sp., Cirey-sur-Blaise (Haute-Marne) ;

3° On voit apparaître le genre *Cœlodus* où la dentition spléniale présente trois séries de dents et la dentition vomérienne cinq rangées. Il est représenté dans les dépôts portlandiens de la Meuse (Savonnières, Ville-sur-Saulx) et de la Haute-Marne (Chevillon, Joinville) par *Cœlodus Mantelli* Ag. sp., espèce du Jurassique le plus supérieur (Purbeckien) et de l'Infracrétacé inférieur (Wealdien) d'Angleterre, et par *C. subsimilis* Cornuel sp. de Ville-sur-Saulx.

Signalons aussi des dents préhensiles de Pycnodonte trouvées à Auxerre (Yonne).

Cornuel (1) a décrit sous le nom de *Pycnodus anceps* un fragment de Poisson trouvé à Savonnières. Mais, suivant M. A. S. Woodward (2), il ne s'agit probablement pas d'un Pycnodonte.

Autres Téléostomes. — Un petit Poisson à écailles minces, à longue dorsale, trouvé à Savonnières, a été appelé par M. Sauvage : *Macrosemius pectoralis*.

Il y a un Pholidophoridé : le *Pleuropholis Lienardi* Sauvage, trouvé dans les couches portlandiennes de Blanchard (Meuse) ; dans le genre *Pleuropholis*, on voit au milieu des flancs une série de très hautes écailles. Il caractérise les niveaux supérieurs du Jurassique.

De plus, il y a un Leptolépidé : *Leptolepis matronensis* Pictet du Portlandien de Beaudrecourt (Haute-Marne).

Comparaison avec les Poissons portlandiens des régions voisines. — Le Portlandien du Boulonnais est plus riche en Poissons que celui du bassin parisien. On y trouve des Cestraciontes (*Hybodus acutus* Ag., *H. Lefebvrei* Sauv., *H.* aff. *inflatus* Ag., *Asteracanthus* sp.), des Lamnidés (*Orthacodus longidens* Ag. sp.), des Rhinobatidés (*Rhinobatus morinicus* Sauv. sp.).

Les Chiméroïdes du genre *Ischyodus* sont nombreux (*I. Egertoni* Eg., *Beaumonti* Eg., *I. Dufresnoyi* Eg., *I. Dutertrei* Sauv.).

Comme Téléostomes, il y a des *Lepidotus* (*L.* aff. *Leedsi* A. S. Woodward, *L. maximus* Wagner).

Les Pycnodontes appartiennent aux genres *Gyrodus* (*G. Cuvieri* Ag. sp., *G. Dutertrei* Sauv.), *Mesodon* (*M. gigas* Ag., *M. Dutertrei* Sauv., *M. Rigauxi* Sauv., *M. simulans* Sauv., *M. morinicus* Sauv.), *Athrodon* (*A. Douvillei* Sauv.), *Cœlodus*, (*C. suprajurensis* Sauv. et *C.* sp.).

On ne voit comme espèces communes au Portlandien du Boulonnais et au Portlandien du bassin parisien que *Lepidotus maximus* qui se trouvait déjà dans les dépôts séquaniens du bassin parisien (il n'a pas été trouvé jusqu'ici dans le Kimméridgien du bassin parisien, bien qu'il ait été signalé dans celui du Boulonnais).

En comparant les listes des Poissons kimméridgiens et des Poissons portlandiens du Boulonnais, on voit des espèces communes : *Hybodus Lefebvrei* Sauvage, *H. acu-*

(1) *Bull. Soc. géol. France*, 3e sér., t. XI, 1882, p. 21-23, pl. II, fig. 1-5.

(2) A. Smith Woodward, Catalogue, part III, 1895, p. 280.

tus Ag., *Orthacodus longidens* Ag. sp., *Ischyodus Beaumonti* Egerton, *Lepidotus maximus* Wagner, *Gyrodus Cuvieri* Ag., *Mesodon Rigauxi* Sauvage.

Le Portlandien d'Angleterre présente des Chiméroïdes du genre *Ischyodus*, des Pycnodontes des genres *Mesodon*, *Microdon*, des Eugnathidés du genre *Caturus*, des Leptolépidés du genre *Thrissops*, mais on n'y a pas signalé d'espèces communes avec les dépôts portlandiens du bassin parisien et du Boulonnais.

Dans le Portlandien du Hanovre, il y a des *Ischyodus* et des *Gyrodus*; dans celui du Harz, il y a le *Mesodon Nicoleti* Ag., déjà signalé dans le Kimméridgien du bassin parisien et du Jura.

Mais ce sont les dépôts calcaires lithographiques de Bavière (Solenhofen, Eichstätt, Kelheim, etc.), placés aujourd'hui dans le Portlandien inférieur, qui contiennent le plus de Poissons fossiles : Élasmobranches variés : Squatinidés, Rhinobatidés, Notidanidés, Cestraciontes, Scylliidés, Lamnidés, Téléostomes Crossoptérygiens de la famille des Cœlacanthidés, surtout Téléostomes Actinoptérygiens. Ceux-ci appartiennent aux familles des Palæoniscidés (*Coccolepis*), Sémionotidés (*Lepidotus*), Macrosémiidés, Pycnodontidés, Eugnathidés, Amiidés, Pachycormidés, Aspidorhynchidés, Pholidophoridés, Oligopleuridés, Leptolépidés.

On peut noter un certain nombre d'espèces communes aux calcaires lithographiques d'Allemagne et aux calcaires lithographiques kimméridgiens de Cerin, dans le Bugey.

Comme espèces communes au Portlandien inférieur d'Allemagne et à celui du bassin parisien, il n'y a que le *Lepidotus maximus* Wagner, mais on voit que le *Mesodon Nicoleti* du Kimméridgien du bassin de Paris et du Jura se trouve dans le Portlandien allemand. Le genre *Macrosemius*, représenté dans le Portlandien de la Meuse par le *Macrosemius pectoralis*, se montre aussi en Allemagne, et il est déjà très bien représenté dans le Kimméridgien supérieur du Bugey. C'est sans doute des mers qui couvraient l'Allemagne du Sud et la région du Jura aux époques kimméridgienne et portlandienne que ce genre s'est introduit dans le bassin parisien. Il en est de même probablement pour le genre *Pleuropholis*, représenté dans le Portlandien du bassin de Paris et qu'on retrouve dans le Portlandien inférieur d'Allemagne et le Kimméridgien supérieur du Bugey.

Les deux genres *Macrosemius* et *Pleuropholis* ont continué leur route vers le nord, car on retrouve leurs dernières espèces dans le Jurassique le plus supérieur (Purbeckien) d'Angleterre.

Nous atteignons les niveaux les plus élevés du système jurassique. Nous allons voir maintenant les Squales Cestraciontes se réduire, tandis que les Lamnidés vont se développer, ainsi que les Notidanidés. En même temps le genre *Lepidotus* va disparaître, tandis que d'autres Poissons à dents triturantes, les Pycnodontes déjà florissants dans les derniers temps jurassiques, vont s'épanouir dans le Crétacé et y fournir des types nouveaux.

Liste des Poissons fossiles du Jurassique moyen et du Jurassique supérieur du bassin parisien.

NOMS DES ESPÈCES.	JURASSIQUE MOYEN.		JURASSIQUE SUPÉRIEUR.				
	BAJOCIEN.	BATHONIEN.	CALLOVIEN.	OXFORDIEN.	SÉQUANIEN.	KIMMÉRIDGIEN.	PORTLANDIEN.
Élasmobranches.							
Hybodus (*Orthybodus* Jaekel) *reticulatus* Ag.	+						
— (*Orthybodus* Jaekel) *grossiconus* Ag.	+	+			+		
— *polyprion* Ag.		+					
— *obtusus* Ag.		+					
— sp.	+	+			+		
— *crassus* Ag. (piquant)		+					
— *marginalis* Ag. (piquant)					+		
Acrodus sp.	+	+					
Bdellodus sp. ?		+					
Strophodus subreticulatus Ag.	+		+		+		
— *reticulatus* Ag.		+	+		+		
* — *longidens* Ag.		+					
— *magnus* Ag.		+					
— *tenuis* Ag.			+				
— sp.				+			
* — *normanianus* A. Dollfus						+	
Asteracanthus ornatissimus Ag. (piquant) (= *Strophodus reticulatus*, *S. subreticulatus*)			+			+	
Asteracanthus minor Ag.			+				
* — sp.					+		
* — *lepidus* Dollfus (= *S. normanianus* Dollfus)						+	
Pristacanthus securis Ag.		+					
* *Corax antiquus* Deslongchamps	+						
Notidanus Muensteri Ag.			+				
Orthacodus longidens Ag. sp.			+				
Holocéphales.							
Ischyodus emarginatus Egerton		+					
— *Beaumonti* Egerton						+	
— sp.					+		
Téléostomes.							
* *Lepidotus lævigatus* Sauv.				+			
— *lævis* Ag.					+ ?	+	
— *maximus* Wagner					+		+
— aff. *Mantelli* Ag.						+	
— sp.		+	+		+	+	+
— *minor* Ag. ?						+	
* — *Lennieri* Sauv.						+	
* *Gyrodus wannerius* Ag.						+	
Gyrodus punctatus Dollfus		+				+	
— sp.						+	
Mesodon gigas Ag., sp.		+			+		
— aff. *bathonicus* Sauv.		+					
— *rugulosus* Ag. sp.		+					
— *Bucklandi* Ag. sp.		+					
* — *radiatus* Ag. sp.		+					
— sp.		+	+		+		
— *Nicoleti* Ag. sp.						+	
* — *Sauvagei* Pictet sp.							+
* *Microdon coralli* Sauv. sp.					+		
* — *vicinus* Cornuel							+
— sp.					+		
* *Uranoplosus Cotteaui* Sauv.					+		
Cœlodus Mantelli Ag. sp.							+
* — *subsimilis* Cornuel sp.							+
Caturus sp. (*Pachycormus macropomus* Ag.)			+				
— sp. (*Pachycormus insignis* Sauv.)						+	
Leedsia sp.			+				
Eugnathus sp. ?		+					
Aspidorhynchus sp. ?		+					
* *Macrosemius pectoralis* Sauv.							+
Pholidophorus sp.			+				
* *Pleuropholis Lienardi* Sauv.							+
* *Leptolepis matronensis* Pictet							+

Les noms marqués d'un astérisque sont ceux des espèces particulières au bassin parisien. Ce sont surtout des Téléostomes du Portlandien. Sur 9 espèces de Téléostomes portlandiens du bassin parisien, il y a 6 espèces particulières.

SYSTÈME CRÉTACÉ

PÉRIODE INFRACRÉTACÉE

1° Époque néocomienne.

A la fin des temps jurassiques, un mouvement d'émersion se produisait dans le bassin parisien, l'Angleterre, l'Allemagne; mais, au début de la période infracrétacée, la mer est revenue graduellement occuper la bordure orientale du bassin parisien. Il y a là un mélange de dépôts marins et de dépôts d'eau douce, ceux-ci d'autant plus développés qu'on s'avance vers le nord (facies wealdien) : par suite, on doit admettre que la mer qui couvrait la bordure orientale du bassin parisien venait du Jura et se reliait avec la Méditerranée (1).

C'est dans la partie supérieure de l'étage néocomien, c'est-à-dire dans le sous-étage *hauterivien*, qu'on trouve surtout des restes de Poissons fossiles.

Squales. — Les Poissons néocomiens recueillis jusqu'ici sont presque tous des Téléostomes; cependant il paraît y avoir des Lamnidés. Ainsi P. Gervais cite dans le « Néocomien de Cettencourt (Haute-Marne) » (il s'agit probablement d'Attancourt (Haute-Marne) où l'on trouve le calcaire à spatangues de l'Hauterivien) (2) une dent qui est incomplète. Il y a un denticule latéral mal séparé du denticule principal, et des plis sur la face externe. Cette dent paraît appartenir à l'espèce de Geinitz *Otodus sulcatus*, bien développée dans les étages plus élevés.

On ne voit plus de Squales Cestraciontes, groupe si développé pendant les périodes triasique et jurassique : ils sont en pleine disparition.

Téléostomes. — Genre Lepidotus. — Le genre *Lepidotus* va aussi bientôt disparaître et céder la place à d'autres Poissons à dents triturantes, les Pycnodontes, qui se développent de plus en plus. On trouve seulement le *Lepidotus maximus* Wagner à Vassy, Nomécourt (Haute-Marne), Bar-sur-Seine (Aube) et Auxerre (Yonne) ; des écailles d'une espèce indéterminée à Vassy, enfin une espèce imparfaitement connue par un fragment de dentition marginale : *L. longidens* Cornuel, de Vassy.

Pycnodontes. — Les Pycnodontes prennent un développement considérable. Ils

(1) A. de Lapparent, *Loc. cit.*, p. 1303.
(2) P. Gervais, *Loc. cit.*, p. 12, pl. LXXVI, fig. 22-22*a*.

nous sont connus surtout par les travaux de Cornuel (1) et sont représentés par des dentitions spléniales ou vomériennes trouvées dans le calcaire à spatangues.

Ils appartiennent pour la plupart à des genres déjà signalés dans le Jurassique :

Genre Mesodon : *M. Couloni* Ag. sp., Sommevoire (Haute-Marne), La Chapelle, etc. (Yonne).
M. gigas Ag. sp., Vaux-sur-Blaise (Yonne).
M. autissiodorensis Sauv. sp., Auxerre (Yonne).

Genre Microdon : *M. Hugii* Ag. sp., Vassy (Haute-Marne).

Genre Gyrodus : *G. sculptus* Cornuel sp., Attancourt, près Vassy (Haute-Marne), Soulaines (Aube).
G. contiguidens Pictet, Vassy (Haute-Marne), Trois-Fontaines l'Abbaye (Haute-Marne).
G.? disparilis Cornuel sp., Attancourt (Haute-Marne).
G. aff. *circularis* Ag. sp., Vendeuvre (Aube) (2).
G. imitator Cornuel sp., Vassy (Haute-Marne), Ville-sur-Saulx (Meuse).

Genre Athrodon : *A. profusidens* Cornuel sp., Vassy (Haute-Marne).

Genre Cœlodus : *C. asperulus* Cornuel sp., Sommevoire, Blumerey (Haute-Marne).
C. Mantelli? Ag. sp. (3), Vassy (Haute-Marne).

Il y a de plus un genre nouveau : *Anomœodus*, qui se développera surtout dans les niveaux supérieurs. Dans ce genre, la dentition spléniale n'occupe qu'un espace restreint sur l'os et est bien séparée du bord externe de cet os ; elle est relativement dégénérée. On a signalé trois espèces dans l'Hauterivien, mais la détermination n'est pas absolument certaine :

A. Muensteri Ag. sp., Attancourt (Haute-Marne), Saints, Saint-Sauveur (Yonne).
A. cretaceus Ag. sp., Trémilly (Haute-Marne).
A.? varians Cornuel sp., Attancourt (Haute-Marne).

D'autres espèces des environs de Vassy ont été appelées par Cornuel :

Pycnodus heterotypus Cornuel, Nomécourt, près Vassy, et Vallerest (Haute-Marne).
— *quadratifer* Cornuel, Vassy (Haute-Marne).

(1) J. Cornuel, Description de Poissons fossiles provenant principalement du calcaire néocomien de la Haute-Marne (*Bull. Soc. géol. France*, [3], V, 1877, p. 604-626, pl. XI). — Note sur de nouveaux débris de Pycnodontes portlandiens et néocomiens de l'est du bassin de Paris (*Bull. Soc. géol. France*, [3], VIII, 1877, p. 150-162, pl. III). — Nouvelle note sur des Pycnodontes portlandiens et néocomiens de l'est du bassin de Paris et sur des dents binaires de plusieurs d'entre eux (*Bull. Soc. géol. France*, [3], XI, 1882, p. 18-27, pl. I). M. Sauvage a étudié aussi les Poissons des dépôts néocomiens de l'Yonne (Mémoire cité plus haut).

(2) Il s'agit d'une dentition vomérienne usée figurée par P. Gervais (*Loc. cit.*, p. 6, pl. LXIX, fig. 19, et 2e édit., p. 523) sous le nom de *Gyrodus*. L'espèce est du Portlandien inférieur.

(3) Cette espèce est également citée dans les marnes sableuses de Saint-Germain-la-Poterie (Oise) par L. Graves, *Loc. cit.*, p. 72 et p. 587. Ces marnes appartiennent au facies wealdien et doivent être rapportées au Néocomien inférieur ou au Jurassique le plus supérieur (Purbeckien).

Le genre auquel il faut attribuer ces Pycnodontes n'est pas déterminable (1).

Genre Saurocephalus. — Dans le Crétacé supérieur, on trouve de grands Poissons carnassiers pourvus de dents coniques, comprimées latéralement, dont les bords sont tranchants. Ils constituent le genre *Saurocephalus* Harlan et appartiennent à la famille des Chirocentridés. Le genre *Saurocephalus* paraît avoir commencé dans l'Infracrétacé où il a laissé des dents isolées. Dans l'Hauterivien de Sainte-Croix en Suisse, Pictet a trouvé des dents qu'il a nommées *Saurocephalus inflexus*, et dans l'Albien inférieur de la même localité d'autres dents qu'il a appelées *S. albensis*. M. Sauvage rapporte à *S. inflexus* Pictet des dents trouvées à Saints et Saint-Sauveur (Yonne).

Fig. 11-12. — *Otolithus (Clupeidarum) neocomiensis*. Néocomien, calcaire à spatangues. Attancourt (Haute-Marne) [coll. Paléontologie, Muséum]. Otolithe droit grossi 4 fois. — A gauche, face interne. — A droite, face externe.

Otolithes. — On sait que dans l'oreille des Poissons Téléostomes se trouvent de petites pierres appelées otolithes dont la forme caractérise l'espèce ou au moins le genre. A la face interne, qui est convexe, se trouve une dépression dite *sulcus* ou *sillon acoustique*, dont la partie antérieure, généralement plus large, s'appelle *ostium* et la partie postérieure, plus ou moins courbe, la *cauda* L'ostium est limité en avant par deux saillies plus ou moins accusées, l'inférieure ou *rostre*, la supérieure ou *antirostre*, laissant entre elles une échancrure, l'*excisura*; la face externe est généralement concave.

Fig. 13-14. — *Otolithus (Clupeidarum ?) neocomiensis* Néocomien, probablement d'Attancourt (Haute-Marne) [coll. d'Orbigny, Paléontologie, Muséum]. Otolithe droit grossi 4 fois. — A gauche, face interne. — A droite, face externe.

J'ai trouvé dans la collection de Paléontologie du Muséum un otolithe provenant du calcaire à spatangues d'Attancourt (Haute-Marne) (fig. 11-12). Un autre, un peu plus petit, également du Néocomien, n'a pas de lieu de provenance indiqué, mais il est identique au précédent et provient probablement aussi d'Attancourt (fig. 13-14).

Ces otolithes, longs d'environ 7 à 9 millimètres, hauts de 4 à 5 millimètres, épais de 2 à 3 millimètres, sont de forme allongée (2). Il y a un rostre bien indiqué, une faible excisura. Il n'y a pas d'ostium marqué. Le sulcus est droit, il a partout le même calibre et va jusque vers le bord postérieur. Il est limité par deux fortes crêtes qui s'effacent en arrière. La crête supérieure se confond avec le bord dorsal. La face externe, légèrement convexe, est sans ornements.

Ces deux otolithes ont appartenu au côté droit du Poisson.

(1) A. S. Woodward, *Loc. cit.*, III, p. 282-283.

(2) Les dimensions exactes sont : pour le plus grand : longueur 9^{mm},5, hauteur 5^{mm},5, épaisseur 3^{mm},5 ; pour le plus petit : respectivement 7^{mm},5, 4^{mm},5 et 2^{mm},5.

Je ne sais à quelle sorte de Poisson les attribuer. Par leur long sulcus allant jusqu'au bord postérieur, et où l'ostium et la cauda ne sont pas séparés, ils se rapprochent de ceux des Clupéidés. Chez ceux-ci, cependant, l'excisura est très marquée et en forme de fente. En outre, les Clupéidés ne sont connus avec certitude qu'à partir du Crétacé supérieur. Nous appellerons ces otolithes :

Otolithus (*Clupeidarum*?) *neocomiensis* n. sp.

Ce sont les otolithes les plus anciens qu'on connaisse. Viennent ensuite ceux du Gault (Albien) de Folkestone, en Angleterre, et ceux du Sénonien de Siegsdorf, en Allemagne. Dans les terrains tertiaires, les otolithes sont parfois très communs.

2° Époque barrêmienne.

La mer barrêmienne a occupé, comme celle de l'époque hauterivienne, la bordure orientale du bassin de Paris. Elle y a déposé l'argile ostréenne, dépôt qui est parfois regardé comme appartenant à l'Hauterivien supérieur. Le sommet de l'étage est formé par le minerai de fer oolithique où l'on ne trouve que des coquilles d'eau douce et des végétaux.

Téléostomes. — Genre Lepidotus. — Tous les Poissons de cet étage dans le bassin parisien sont des Téléostomes. Le genre *Lepidotus*, qui va disparaître, n'est plus représenté que par *L. maximus* Wagner qu'on a trouvé dans les argiles ostréennes à Saint-Dizier (Haute-Marne), et à Venoy et à Monéteau (Yonne).

Pycnodontes. — Les Pycnodontes sont nombreux et appartiennent aux genres suivants :

Genre Mesodon : *M. Couloni* Ag. sp., argiles ostréennes, Monéteau (Yonne), également à Auxerre (Yonne).

M. robustus Cornuel sp., argiles ostréennes, Saint-Dizier (Haute-Marne).

M. autissiodorensis Sauvage sp., Monéteau.

Genre Anomœodus : *A. Muensteri* Ag. sp., Monéteau, Auxerre (douteux).

Cornuel a appelé *Ellipsodus incisus* un vomer trouvé dans le fer oolithique de Bailly-aux-Forges (Haute-Marne).

M. Sauvage (1) a nommé un autre vomer trouvé dans le Barrêmien d'Auxerre : *Pycnodus Cotteaui*.

Genre Saurocephalus. — Des vertèbres trouvées à Egriselle (Yonne) lui paraissent appartenir aussi au genre *Saurocephalus*.

Comparaison des Poissons néocomiens et barrêmiens du bassin parisien avec ceux des régions voisines. — On voit que pendant les périodes néocomienne et barrêmienne le genre *Lepidotus* est en voie d'extinction avec le *L. maximus* Wagner.

(1) Voir le mémoire déjà cité sur les Poissons et les Reptiles des terrains crétacés et jurassiques supérieurs de l'Yonne, p. 36-38, pl. I, fig. 3; pl. II, fig. 1.

Les Pycnodontes sont abondants et appartiennent aux genres *Mesodon*, *Microdon*, *Gyrodus*, *Cœlodus*, *Athrodon*, sans compter le genre *Ellipsodus* de Cornuel, qui n'a été signalé que dans le bassin parisien, et le genre *Anomœodus*, encore douteux.

Les genres *Mesodon* et *Gyrodus* présentent des espèces particulières au bassin parisien, mais il y en a d'autres qui sont communes au bassin parisien et à d'autres régions. Telles sont le *Mesodon gigas* Ag. qui se trouve dans le Kimméridgien du Jura neuchatelois, le *Mesodon Couloni* Ag. de l'Hauterivien de Sainte-Croix (Suisse), le *Microdon Hugii* Ag. du Jurassique supérieur d'Allemagne, du Kimméridgien de Soleure (Suisse) et du Portlandien d'Angleterre, le *Gyrodus contiguidens* Pictet du Kimméridgien du Jura neuchatelois, le *Gyrodus circularis* Ag. du Jurassique supérieur de l'Allemagne du Sud. Ces divers éléments paraissent être arrivés dans la mer infracrétacée du bassin parisien de la région jurassienne par le détroit de la Côte-d'Or. Il en est de même du *Saurocephalus inflexus* Pictet.

Quant au *Cœlodus Mantelli* Ag., il se trouve dans le Jurassique le plus supérieur (Purbeckien) d'Angleterre et de l'Allemagne du Nord et le Wealdien d'Angleterre. Il serait arrivé des régions du Nord dans le bassin parisien.

Les déterminations relatives à la présence du genre *Anomœodus* dans l'Infracrétacé ne reposent que sur des pièces douteuses. Le genre n'est authentiquement connu qu'à partir du Cénomanien et il paraît avoir eu comme centre de dispersion la mer qui couvrait l'Allemagne du Nord et l'Angleterre.

3° Époque aptienne.

A l'époque aptienne, la mer a recouvert une grande partie du bassin parisien. On trouve les dépôts de cet âge dans l'Yonne, l'Aube, la Haute-Marne, et aussi vers l'embouchure de la Seine. Cette mer communiquait avec celle de la région jurassienne par le détroit de la Côte-d'Or.

C'est l'argile à plicatules de la partie orientale du bassin qui a fourni le plus de restes de Poissons, mais il y en a aussi dans le poudingue à *Ostrea aquila* du cap de la Hève.

Élasmobranches. — Les Lamnidés, qui vont devenir très abondants avec le Crétacé supérieur, sont représentés par deux espèces du genre *Scapanorhynchus*. Ce genre renferme des Squales à corps étroit et à museau très allongé. Les dents consistent en un long denticule principal généralement flanqué d'une paire de petits denticules latéraux. Les deux espèces les plus répandues sont : *S. subulatus* Ag. sp., dont les dents sont lisses, et *S. rhaphiodon* Ag. sp., dont les dents sont striées. Elles se trouvent jusque vers le sommet des couches crétacées.

Des dents de *S. subulatus* ont été signalées dans l'Aptien de Gurgy (Yonne) par M. Sauvage, et je rapporte à la même espèce une dent provenant de l'argile à plicatules de Vassy (Haute-Marne) qui fait partie de la collection de Paléontologie du Muséum (fig. 15).

M. Sauvage a signalé sous le nom d'*Odontaspis gracilis* de petites dents striées trouvées à Gurgy et qui pourraient appartenir au *Scapanorhynchus rhaphiodon*. Le genre *Scapanorhynchus* paraît avoir un survivant dans un Squale de mer profonde pêché aux environs de Yokohama et décrit par D. S. Jordan sous le nom de *Mitsukurina Owstoni* (1).

J'ai vu dans la collection Fortin, de Rouen, une dent incomplète provenant du poudingue à *Ostrea aquila* d'Octeville (Seine-Inférieure) qui pourrait appartenir au genre *Oxyrhina*, encore actuel et très commun à partir du Crétacé.

Fig. 15. — *Scapanorhynchus subulatus* Ag. sp. Dent au triple de la grandeur, vue par la face interne. Aptien de Vassy (Haute-Marne) (coll. de Paléontologie, Muséum).

La même collection renferme une vertèbre de Squale du poudingue aptien de la Hève.

M. Sauvage a signalé aussi des vertèbres de Squales, probablement de *Scapanorhynchus*, dans l'Aptien de Gurgy (Yonne).

Enfin, suivant Hasse, une vertèbre trouvée dans l'Aptien de Saint-Dizier pourrait être attribuée à un Batoïde du genre *Trygon* ou d'un genre voisin (2).

Téléostomes. — Pycnodontes. — L'Aptien de Gurgy a fourni à M. Sauvage une dentition spléniale qu'il rapporte à une espèce nouvelle de Pycnodonte (probablement du genre *Anomœodus*) : *Anomœodus Ricordeaui*. Je rapporte aussi au genre *Anomœodus* un fragment de dentition conservé au Muséum et provenant probablement de Gurgy ; il s'agit sans doute de *A. Muensteri* Ag. sp. (pl. II, fig. 1).

On a signalé aussi des dents de Pycnodontes dans l'Aptien de la Hève (3).

Genre Saurocephalus. — Des dents de *Saurocephalus albensis* Pictet se trouvent dans l'Aptien de Gurgy. L'espèce a été découverte dans l'Albien inférieur de Sainte-Croix (Suisse). Il y aurait aussi à Gurgy une autre espèce indéterminée de *Saurocephalus*.

On voit que la petite faune aptienne du bassin parisien, par la présence du genre *Scapanorhynchus*, a des affinités crétacées. Elle diffère notablement de celle de l'Aptien (lower green Sand) d'Angleterre où il y a des Cestraciontes (genres *Hybodus* et *Synechodus*), des Chiméroïdes du genre *Ischyodus* et des restes de *Lepidotus*.

4° Époque albienne.

Pendant l'époque albienne, l'invasion de la mer a continué dans le bassin parisien. Elle y a déposé d'abord des sables verts et ensuite une argile que, par analogie avec les sédiments argileux d'Angleterre, on appelle le *gault*. La mer a couvert

(1) A. Smith Woodward, Note on Scapanorhynchus, a cretaceous Shark apparently surviving in Japanese Seas (*Ann. and Mag. Nat. Hist.*, [7], III, 1879, p. 487-489).
(2) Id., Catalogue, part I, p. 152.
(3) Voir E. Bucaille, *Bull. Soc. Amis Sc. nat. Rouen*, 1883, 2e sér., p. 3-6.

la plus grande partie du bassin parisien et s'est étendue vers l'ouest jusqu'à la Touraine et le Calvados.

C'est surtout de la région orientale, départements de la Meuse, des Ardennes, de l'Aube, de la Haute-Marne, que proviennent les Poissons albiens recueillis jusqu'ici dans le bassin de Paris.

Élasmobranches. — Les Anges de mer (*Squatina*), déjà connus dans les dépôts kimméridgiens, ont vécu dans la mer parisienne de la période albienne. M. Leriche a signalé en effet une vertèbre de *Squatina* du gault de Varennes (Meuse) conservée à l'Université de Nancy (1).

Il y avait également des Raies du genre *Myliobatis*, car M. Ch. Barrois (2) a trouvé dans le gault de Grandpré (Ardennes) un fragment de chevron dentaire appartenant à ce genre. Celui-ci prendra tout son développement dans les temps tertiaires.

Les Squales de la famille des Lamnidés sont assez abondants. Le genre *Scapanorhynchus*, déjà signalé dans les dépôts aptiens, est représenté. M. Leriche désigne sous le nom de *S. gracilis* Ag. sp. une dent trouvée dans le gault de Varennes. Elle présente quelques plis irréguliers et courts à la base de l'émail sur la face interne, tandis que l'espèce d'Agassiz est, d'après celui-ci, sans aucune trace de stries (3). Il s'agit peut-être de *S. subulatus*, espèce avec laquelle on identifie souvent l'*Odontaspis gracilis* d'Agassiz, ou de *S. rhaphiodon* qui est strié. *S. subulatus* et *S. rhaphiodon* débutent tous deux dans les couches aptiennes.

Du gault de Dienville (Aube) proviennent de petites dents conservées au Muséum (coll. de Vibraye, 1896-27). Leur racine est très proéminente ; les denticules latéraux sont développés, divergents et pointus. Les deux faces de la couronne portent, à la base, ainsi que les denticules latéraux, des stries très nettes, surtout sur l'une de ces dents. Je rapporte celles-ci à l'espèce appelée par Cope *Lamna macrorhiza*, mais ces dents me semblent trop élancées et trop étroites pour être des dents de *Lamna* ; je les attribue au genre *Scapanorhynchus* sous le nom de *S. macrorhizus* Cope sp. (fig. 16 et 17).

Le genre *Lamna* est représenté par *L. appendiculata* Ag. sp. que nous retrouverons dans tout le Crétacé. L'Albien de Varennes, de Grandpré (Ardennes), celui de Dienville (Aube), de Savignies (Oise) et du Havre (Seine-Inférieure), de Chaude-Fontaine (Haute-Marne), en renferment des dents. Le genre *Lamna* prend un grand développement dans le Crétacé et le Tertiaire ; à l'époque actuelle, il ne renferme qu'une seule espèce : *Lamna cornubica* Gmelin. sp. (Touille ou Lamie long-nez) attei-

(1) M. Leriche, Revision de la faune ichthyologique des terrains crétacés du nord de la France (*Ann. Soc. géol. Nord*, t. XXXI, 1902, p. 89). Ce mémoire renferme des indications sur les Poissons albiens de la Meuse et des Ardennes.

(2) Ch. Barrois, Catalogue des Poissons fossiles du terrain crétacé du nord de la France (*Bull. scient. hist. litt. du départ. du Nord et des pays voisins*, t. VI [1874], p. 110).

(3) Suivant Pictet, cependant, les stries existeraient quand les dents sont bien conservées. F.J. Pictet, Description des fossiles du terrain crétacé de Sainte-Croix, 1re partie (*Pal. Suisse*, 2e sér., 1858, p. 88, pl. XI, fig. 9-18).

gnant de 1 à 3 mètres et répandue dans les mers tempérées et tropicales. Dans le genre *Lamna*, les dents, munies de denticules latéraux, sont moins élancées et plus larges que celles de *Scapanorhynchus*.

Un genre voisin est le genre *Oxyrhina* où les dents sont dépourvues de denticules latéraux. Il est très répandu dans le Crétacé et le Tertiaire, et il est encore représenté aujourd'hui par deux espèces, *O. Spallanzanii* Bonaparte et *O. glauca* Müller et Henle atteignant de 2 à 4 mètres. Ce genre, qui remonte peut-être, comme on l'a vu plus haut, à l'époque aptienne, présente dès l'époque albienne plusieurs espèces: *O. Mantelli* Ag., *O. subinflata* Ag., *O. macrorhiza* Pictet et Campiche. La première, très répandue dans les dépôts crétacés, a été trouvée dans le gault des Ardennes et aussi dans l'Albien supérieur du Havre. La seconde, qui paraît être purement albienne et cénomanienne, a été signalée par M. Barrois à Grandpré et par P. Gervais à Courtaoult (Aube). Enfin la troisième, également limitée aux mêmes niveaux, provient du gault d'Auzéville et Varennes (Meuse). De grandes vertèbres trouvées dans le gault de la Hève (Seine-Inférieure) proviennent probablement d'*O. Mantelli*.

Fig. 16-17. — *Scapanorhynchus (Lamna) macrorhizus* Cope sp. Dents vues par la face interne au double de la grandeur. Albien, Dienville (Aube) [coll. de Vibraye. Paléontologie. Muséum].

M. Barrois a cité la présence dans le gault de Grandpré d'*Otodus sulcatus* Geinitz, espèce qui paraît se trouver déjà, comme on l'a vu plus haut, dans l'Hauterivien de la Haute-Marne. Le genre *Otodus* ne se différencie du genre *Lamna* que par ses dents beaucoup plus épaisses et robustes. L'espèce en question est assez commune dans le Crétacé jusque vers ses niveaux supérieurs (Sénonien inférieur).

Chiméroïdes. — Les Chiméroïdes sont représentés par le genre *Ischyodus* et le genre *Edaphodon*. Le premier remonte à la période jurassique et s'éteint pendant la période crétacée. On trouve dans le gault de Grandpré des dents d'*I. Thurmanni* Pictet et Campiche, espèce de l'Albien de la Suisse.

Le genre *Edaphodon* se distingue du genre *Ischyodus* en ce que la face symphysaire des dents mandibulaires est très large et les dents palatines portent trois aires triturantes au lieu de quatre. Ce genre débute avec l'Infracrétacé et se poursuit jusque dans les dépôts tertiaires. Il y a dans le gault de Grandpré (Ardennes) et de Varennes (Meuse) des dents d'*E. Sedgwicki* Ag. sp.

Téléostomes. — Les dépôts albiens du bassin parisien ont fourni des restes de Téléostomes à dents triturantes. Le *Lepidotus maximus* Wagner du Jurassique supérieur et de l'Infracrétacé inférieur a laissé des dents isolées dans le gault des Ardennes et de la Meuse.

Une dent recueillie à Dienville (Aube) et conservée au Muséum (coll. de Vibraye, 1896-27) paraît aussi appartenir à un Pycnodonte du genre *Mesodon* (fig. 18).

Enfin M. Cornuel (1) avait appelé *Egertonia gaultina* un fragment de dentition provenant du gault supérieur de Moutier-en-Der (Haute-Marne). C'est une plaque couverte de dents aplaties plus ou moins circulaires. Cornuel le rapportait à un genre tertiaire de Labridés, le genre *Egertonia*, mais il est plus probable (2) que cette plaque a appartenu à un Poisson de la famille des Albulidés, famille répandue dans les périodes crétacée et tertiaire et qui existe encore aujourd'hui dans les mers chaudes.

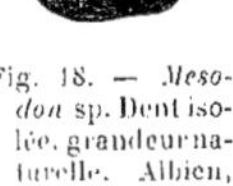

Fig. 18. — *Mesodon* sp. Dent isolée, grandeur naturelle. Albien, Dienville (Aube) (coll. de Vibraye, Paléontologie, Muséum).

Comparaison des Poissons albiens du bassin parisien avec ceux des régions voisines. — La mer qui couvrait le bassin de Paris à l'époque albienne s'étendait vers le nord sur le Boulonnais, l'Angleterre, l'Allemagne septentrionale ; d'autre part, un détroit occupant la région du Jura la mettait en communication avec les eaux couvrant une partie du midi et de l'est de l'Europe.

Le Dr Sauvage et M. Leriche ont étudié les Poissons de l'Albien du Boulonnais. On trouve ici à peu près les mêmes éléments que dans le bassin parisien : le genre *Scapanorhynchus* avec *S. rhaphiodon* et peut-être *S. subulatus*, le genre *Oxyrhina* avec *O. Mantelli* et *O. macrorhiza*, le genre *Lamna* (*L. appendiculata*) (3), des vertèbres de Lamnidés, enfin des dents de Chiméroïdes qu'il faut rapporter à *Ischyodus Thurmanni* Pictet et Campiche (= *I. Bouchardi* Sauvage).

Ce sont des éléments cosmopolites qu'on rencontre dans beaucoup de dépôts albiens, tels que ceux de la région du Jura. Dans le gault de la Perte du Rhône (Ain) et dans celui de Sainte-Croix, en Suisse, on retrouve la plupart de ces espèces ; l'*Oxyrhina subinflata* Ag., signalée dans le bassin parisien, se trouve à la Perte du Rhône. L'*Oxyrhina macrorhiza*, l'*Ischyodus Thurmanni* ont été fondés par Pictet et Campiche sur des dents de l'Albien de Sainte-Croix. Il y a aussi dans cette dernière localité un certain nombre de Pycnodontes représentés par des débris de dentition assez incomplets (*Pycnodus obliquus* Pictet et Campiche, *Anomœodus Muensteri* Ag. sp.), des dents isolées de *Lepidotus* (*L. globulosus* Pictet et Campiche sp.), et le genre *Saurocephalus* (*S. albensis* Pictet).

C'est en Angleterre, surtout dans le gault de Folkestone, qu'on trouve de nombreux Poissons. On y rencontre comme Sélaciens le genre *Squatina*, des Cestraciontes (genres *Acrodus* [*A. levis* A. S. Woodward], *Hybodus*, *Cestracion*, *Synechodus*), des Notidanidés [*Notidanus lanceolatus* A. S. Woodward (4)], des Lamnidés appartenant à des espèces trouvées pour la plupart dans le bassin parisien : *Scapanorhynchus subulatus* Ag. sp., *Sc. macrorhizus* Cope, *Oxyrhina macrorhiza* Pictet et Campiche, *Lamna appendiculata* Ag. sp.

(1) J. Cornuel, *Loc. cit.* (*Bull. Soc. géol. France*, [3], V, 1877, p. 620, pl. XI, fig. 31-32).

(2) A. Smith Woodward, Catalogue, part IV, p. 73.

(3) M. Sauvage attribue maintenant à cette espèce sa *Lamna Bouchardi* du gault de Wissant (Pas-de-Calais).

(4) Le niveau de ce fossile trouvé à Folkestone n'est pas bien déterminé (A. S. Woodward, Catalogue, part I, p. 160).

Les Chiméroïdes de l'Albien d'Angleterre sont: *Ischyodus Thurmanni* et *Edaphodon Sedgwicki*, déjà signalés, mais il paraît y avoir en outre d'autres espèces : *Ischyodus incisus* Newton et *Edaphodon laminosus* Newton.

Comme Téléostomes, on retrouve dans le gault de Folkestone le genre *Lepidotus* représenté par des dents isolées, mais on y rencontre un très grand nombre d'autres types : des Pycnodontes (*Cœlodus ellipticus* Egerton), des Pachycormidés (*Protosphyræna* sp.), des Élopidés (*Thrissopater salmoneus* Günther), des Albulidés (*Anogmius* sp.), des Ostéoglossidés (*Plethodus expansus* Dixon), des Poissons carnassiers aux fortes dents tranchantes appartenant aux familles des Chirocentridés (*Portheus gaultinus* Newton, *Ichthyodectes serridens* A. S. Woodward, *I. tenuidens* A. S. Woodward, *I.* sp.) et des Enchodontidés (*Apateodus glyphodus* Blake sp.), en outre de nombreux otolithes.

D'après ce qui précède, on voit que la faune ichthyologique albienne du bassin parisien est relativement pauvre et se compose surtout de Sélaciens et de Chiméroïdes paraissant posséder une grande extension géographique et probablement venus des régions du Nord.

On doit noter que la plupart des espèces de Squales de l'Albien se retrouveront dans les niveaux plus élevés ; d'ailleurs, le genre *Scapanorhynchus* s'est montré dès l'époque aptienne. Enfin on remarque la présence dans les couches albiennes d'éléments anciens qui vont disparaître, tels que le genre *Lepidotus* et aussi en Angleterre les genres de Cestraciontes : *Acrodus* et *Hybodus*.

Liste des Poissons fossiles de l'Infracrétacé du bassin parisien.

NOMS DES ESPÈCES.	HAUTERIVIEN.	BARRÉMIEN.	APTIEN.	ALBIEN.
Élasmobranches.				
Squatina sp. (vertèbre)				+
Trygon sp. (vertèbre)			+	
Myliobatis sp.				+
Scapanorhynchus subulatus Ag. sp.			+	
— *rhaphiodon* Ag. sp. (= ? *gracilis* Ag. sp.)			+ ?	+
— *macrorhizus* Cope sp.				+
Oxyrhina Mantelli Ag.				+
— *subinflata* Ag.				+
— *macrorhiza* Pictet et Campiche				+
— sp.			+ ?	
Lamna appendiculata Ag. sp.				+
Otodus sulcatus Geinitz	+ ?			+
Holocéphales.				
Ischyodus Thurmanni Pictet et Campiche				+
Edaphodon Sedgwicki Ag. sp.				+
Téléostomes.				
Lepidotus maximus Wagner	+	+		+
— *longidens* Cornuel	+			
Gyrodus sculptus Cornuel sp.	+			
— *contiguidens* Pictet	+			
— *imitator* Cornuel sp.	+			
— ? *disparilis* Cornuel sp.	+			
— aff. *circularis* Ag. sp.	+			
Mesodon Couloni Ag. sp.	+	+		
— *gigas* Ag. sp.	+			
— *autissiodorensis* Sauv. sp.	+	+		
— *robustus* Cornuel sp.		+		
— sp.				+
Microdon Hugii Ag. sp.	+			
Cœlodus asperulus Cornuel sp.	+			
— *Mantelli* Ag. sp.	+ ?			
Anomœodus Muensteri Ag. sp.	+ ?	+	+	
— *cretaceus* Ag. sp.	+ ?			
—? *varians* Cornuel sp.	+			
— *Ricordeaui* Sauv. sp.			+	
Athrodon profusidens Cornuel sp.	+			
Ellipsodus incisus Cornuel sp.		+		
Pycnodus Cotteaui Sauv.		+		
— *heterotypus* Cornuel	+			
— *quadratifer* Cornuel	+			
Pycnodontes (dents)			+	
Albulidé (*Egertonia gaultina* Cornuel)				+
Saurocephalus inflexus Pictet	+			
— *albensis* Pictet			+	
Otolithus (*Clupeidarum*?) *neocomiensis* Priem (n. sp.)	+			

On doit noter le grand nombre d'espèces de Pycnodontes qui se trouvent dans l'Hauterivien. On voit que les Téléostomes de l'Infracrétacé du bassin parisien sont presque tous des Pycnodontes. Il y en a 21 espèces déterminées sur lesquelles 13 sont particulières au bassin parisien (plus de 60 p. 100).

PÉRIODE CRÉTACÉE PROPREMENT DITE

1° Époque cénomanienne.

La période crétacée débute par l'époque cénomanienne. Le bassin parisien, à l'ouest de l'Ardenne et de la Lorraine, était couvert par les eaux marines et formait un golfe en communication d'une part avec la mer qui s'étalait sur l'Angleterre et le nord de l'Allemagne, de l'autre, par la région jurassienne, avec la mer qui s'étendait sur les contrées du Sud-Est. Il y avait également communication par la région des Charentes avec la mer du Sud-Ouest.

Les Poissons cénomaniens du bassin parisien ont été recueillis surtout dans l'Yonne, dans la Normandie et dans la Sarthe. Le Dr Sauvage a particulièrement étudié le Crétacé de l'Yonne et de la Sarthe (1).

Élasmobranches. — Genre PTYCHODUS. — On voit apparaître avec l'époque cénomanienne les Poissons broyeurs du genre *Ptychodus*. Ce genre a été fondé par Agassiz pour de larges dents quadrangulaires dont la couronne émaillée est ornée de grands plis : le pourtour de la couronne présente des granulations plus ou moins fortes. Le diamètre parallèle aux plis est le plus long ; le côté antérieur de la dent, parallèle aux plis, est convexe ; la face postérieure de la dent présente une excavation plus ou moins profonde où pénétrait la partie antérieure de la dent suivante.

Agassiz rapprochait les *Ptychodus* des Squales Cestraciontes. M. A. Smith Woodward (2) a étudié des spécimens de *Ptychodus* où les dents avaient conservé leurs relations ; elles étaient disposées en séries parallèles analogues à celles des Myliobatidés. Récemment M. A. Smith Woodward a décrit une pièce où étaient conservées à la fois les dents et les mâchoires d'un *Ptychodus* ; il a reconnu ainsi que par les dents le genre *Ptychodus* se rapproche surtout des Myliobatidés, mais par la forme des mâchoires il se rapproche des Trygonidés. C'est donc le type primitif d'un groupe comprenant les Myliobatidés et les Trygonidés. Déjà le Dr O. Jaekel avait été conduit à réunir ces deux dernières familles en une seule, celle des Centrobatidés et à considérer le genre *Ptychodus* comme le type primitif de cette famille (3).

Le genre *Ptychodus* comprend un certain nombre d'espèces représentées généra-

(1) E. SAUVAGE, Recherches sur les Poissons fossiles du terrain crétacé de la Sarthe (*Ann. Sc. géol.*, t. II, 1872, 44 p., pl. XVI-XVII). — Étude sur les Poissons et les Reptiles des terrains crétacés et jurassiques supérieurs de l'Yonne (*Bull. Soc. Sc. hist. et nat. de l'Yonne*, vol. XXXIII, 1879, p. 20-84, 8 pl.).

(2) A. SMITH WOODWARD, On the dentition and affinities of the Selachian genus *Ptychodus* (*Quart. Journ. geol. Soc.*, 1886, vol. XLIII, p. 123-130, pl. X). — On the jaws of *Ptychodus* from the chalk (*Ibid.*, vol. LX, 1904, p. 133-135, pl. XV).

(3) O. JAEKEL, Die eocänen Selachier vom Monte Bolca. Berlin, 1894, p. 155.

lement par des dents isolées. Le Cénomanien de l'Yonne a fourni *Ptychodus decurrens* Ag. (Saint-Sauveur, Seignelay) qu'on trouve aussi dans le Cénomanien de Rouen et de la Hève. *Ptychodus polygyrus* Ag. se trouve au Mans. *P. mammillaris* Ag. a été recueilli dans le Cénomanien de la Normandie (Rouen, Manneville, Pont-Audemer) (pl. I, fig. 4-7). En outre, M. Leriche (1) a rapporté à *P. multistriatus* A. S. Woodward (espèce voisine de *P. polygyrus*) une dent du Cénomanien de Rouen. Le Dr Sauvage a décrit sous le nom de *P. Trigeri* des dents provenant d'Yvré-l'Évêque (Sarthe), mais on doit probablement les rapporter à *P. rugosus* Dixon. Cette dernière espèce est surtout commune dans le Turonien supérieur et le Sénonien inférieur; nous retrouverons *P. decurrens*, *P. mammillaris*, *P. polygyrus* à tous les niveaux du Crétacé jusque dans le Sénonien supérieur.

Squales. — Les Squales sont assez nombreux et appartiennent à des espèces qui ont pour la plupart une grande extension dans l'espace et dans le temps. Le genre *Scapanorhynchus* est représenté par les deux espèces cosmopolites : *S. subulatus* Ag. sp. (Manneville, Seine-Inférieure) et *S. rhaphiodon* Ag. sp. (Seignelay, Saint-Fargeau, Yonne; ? Rouen, Seine-Inférieure).

Le genre *Oxyrhina* présente plusieurs espèces. *O. macrorhiza* Pictet et Campiche de l'Albien aurait été trouvée, d'après M. Peron (2), à la base du Cénomanien de Larrivour (Aube). *O. Mantelli* Ag. est commune surtout dans l'Ouest : Rouen, Fécamp, Le Havre, etc. (Seine-Inférieure), Nogent-le-Rotrou (Eure-et-Loir) [coll. du Muséum] (pl. II, fig. 3), Sérifontaine, Épaubourg, Berneuil (Oise) (3).

M. Sauvage a cité aussi *O. subinflata* Ag., espèce albienne, dans le Cénomanien d'Yvré-l'Évêque (Sarthe).

Agassiz a fait connaître sous le nom de *Lamna acuminata* des dents très comprimées à bords tranchants et présentant parfois à la base de la couronne, surtout au bord antérieur, un petit denticule latéral incomplètement séparé du reste de la couronne. Ces dents ont été généralement réunies à *Oxyrhina Mantelli* Ag. M. Leriche (4) en fait une espèce à part sous le nom d'*O. acuminata* Ag. sp. On la trouve dans le Cénomanien de l'Oise (Berneuil, Épaubourg, Sérifontaine) et de l'Yonne (Seignelay).

Le genre *Lamna* ne présente qu'une espèce dans le Cénomanien. C'est *L. appendiculata* Ag. sp. qui commence avec l'Albien pour se continuer dans tout le Crétacé. L'espèce se trouve à Berneuil (Oise), dans le Cénomanien de Normandie (Rouen, Manneville, Le Havre, etc.), dans celui de Seignelay et d'Hauterive (Yonne). On doit

(1) M. LERICHE, Revision de la faune ichthyologique des terrains crétacés du nord de la France (déjà cité), p. 99.

(2) A. PERON, Notes pour servir à l'histoire du terrain de craie dans le sud-est du bassin anglo-parisien. Auxerre, 1887, p. 46.

(3) L. GRAVES, Essai sur la topographie géognostique du département de l'Oise. Beauvais, 1847, p. 588.

(4) M. LERICHE, Contribution à l'étude des Poissons fossiles du nord de la France et des régions voisines (*Mém. Soc. géol. Nord*, t. V, 1906, p. 87-88, fig. 13).

sans doute rapporter à la même espèce les dents trouvées à Saint-Fargeau (Yonne) et signalées par M. Peron sous le nom de *L. lata* Ag. sp.

La plupart des dents de Lamnidés désignées par Agassiz sous le nom d'*Otodus* sont en réalité des dents de *Lamna* ou d'*Odontaspis* ou de *Scapanorhynchus*. Il faut cependant conserver ce nom, comme l'a proposé M. A. S. Woodward (1) pour des dents très robustes munies de larges denticules latéraux. On en trouve de semblables dans le Cénomanien et elles sont désignées sous les noms de *O. semiplicatus* Ag. et *O. sulcatus* Geinitz (2). Ces deux espèces doivent probablement être réunies en une seule : *O. semiplicatus* Ag., avec laquelle il faut aussi confondre *O. pinguis* Sauvage. Elle se trouve dans la Sarthe (Le Mans, Yvré-l'Évêque), la Seine-Inférieure (Le Havre), l'Yonne (Saint-Florentin, Seignelay).

Un genre de Squales qui paraît être exclusivement crétacé est le genre *Corax* (3) caractérisé par des dents comprimées triangulaires, avec des crénelures marginales. Il est représenté dans le Cénomanien de Saint-Fargeau (Yonne) par le *Corax falcatus* Ag. qui s'élève jusque dans le Sénonien inférieur. Ce genre *Corax* est placé le plus souvent dans la famille des Lamnidés. M. Leriche (4) a fait remarquer que les *Corax* possédaient des dents de forme symétrique occupant la région symphysaire des mâchoires et rappelant celles de la fibre médiane de la mâchoire inférieure des *Notidanus*. Pour cette raison, il range le genre *Corax* dans la famille des Notidanidés.

Téléostomes. — Genre Macropoma. — On trouve dans le Cénomanien de Saint-Fargeau (Yonne) et de Vitry-le-François (Marne) des coprolithes indiquant chez les Poissons dont ils proviennent la présence d'une valvule spirale dans l'intestin. On les rapporte au *Macropoma Mantelli* Ag., Téléostome Crossoptérygien de la famille des Cœlacanthidés ; on les rencontre dans tous les dépôts crétacés y compris le Sénonien supérieur. Avec le genre *Macropoma* s'éteint la famille des Cœlacanthidés.

Pycnodontes. — Les dépôts cénomaniens renferment plusieurs espèces de Poissons à dents triturantes de la famille des Pycnodontes. Ils appartiennent aux genres suivants :

Genre Anomœodus : *A. Muensteri* Ag. sp., Seignelay (Yonne).
A. ? *cenomanicus* Sauv. sp., Le Mans (Sarthe).
A. ? sp. (dents isolées), Lamnay, près La Ferté-Bernard (Sarthe) [Muséum].

Genre Cœlodus : *C. major* A. S. Woodward (5) (= *Cosmodus grandis* Sauvage), Seignelay (Yonne).
— *C.* sp. (dent isolée), La Hève (Seine-Inférieure) [coll. Fortin].

(1) A. Smith Woodward, Notes on the teeth of Sharks and Skates from english eocene formations (*Proc. geol. Ass.*, vol. XVI, 1899, p. 10).
(2) M. Leriche (Contribution, etc., p. 62) réunit ces deux espèces sous le nom d'*O. semiplicatus* Ag.
(3) Cependant E. Deslongchamps a rapporté au genre *Corax*, sous le nom de *C. antiquus*, des dents isolées du Jurassique de Normandie (Voir plus haut, p. 20).
(4) M. Leriche, Contribution, etc., p. 57.
(5) A. Smith Woodward, Catalogue, part III, p. 257.

En outre un vomer de genre indéterminé, provenant de Seignelay, a été appelé par M. Sauvage *Pycnodus irregularis*. Un autre fragment de dentition provenant de Bassou (Yonne) a été nommé par lui *Pisodus Foucardi*; il s'agit peut-être, d'après M. A. S. Woodward (1), d'un Téléostome de la famille des Albulidés. D'après Bucaille, il y a des Pycnodontes dans le Cénomanien du cap de la Hève, près du Havre.

Genre Protosphyræna. — On trouve dans le Crétacé des Poissons carnassiers de la famille des Pachycormidés pourvus de fortes dents coniques comprimées à bords tranchants. Ils constituent le genre *Protosphyræna* qui débute dans l'Infracrétacé d'Angleterre et de Russie. Une espèce assez répandue dans le Crétacé à partir du Cénomanien est *P. ferox* Leidy. Elle se trouve dans le Cénomanien du Mans (coll. d'Archiac, Muséum).

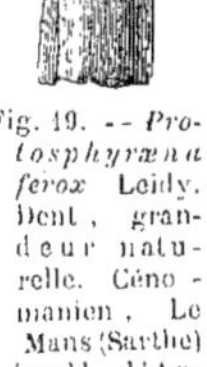

Fig. 19. — *Protosphyræna ferox* Leidy. Dent, grandeur naturelle. Cénomanien, Le Mans (Sarthe) (coll. d'Archiac, Paléontologie, Muséum).

Comparaison des Poissons cénomaniens du bassin parisien et de ceux des régions voisines. — Les Poissons du Cénomanien du nord de la France (Boulonnais, Picardie, Flandre) ont été surtout décrits par MM. Sauvage et Leriche dans des publications déjà citées. Au point de vue des Élasmobranches, ils sont plus nombreux que ceux du bassin de Paris. On trouve des vertèbres de *Squatina*, des chevrons de *Myliobatis*, de nombreuses espèces de *Ptychodus*, car, outre les espèces signalées plus haut, *P. mammillaris*, *P. decurrens*, *P. polygyrus*, il y a dans le Cénomanien supérieur du Nord : *P. decurrens* var. *multiplicatus* Leriche, *P. concentricus* Ag., *P. latissimus* Ag.

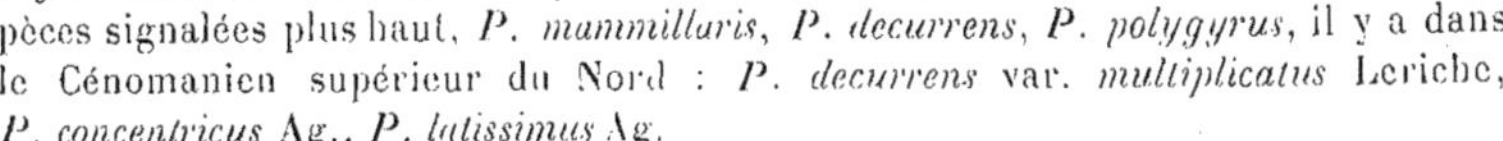

Il y a des Notidanidés (*Notidanus microdon* Ag., *Corax falcatus*, Ag.), et des Cestraciontes tels que *Cestracion rugosus* Ag. sp. et *Synechodus* sp. dont j'ai signalé la présence dans le Cénomanien de Neufchâtel (Pas-de-Calais) (2) et des Scylliidés (Roussettes) : *Cantioscyllium decipiens* A. S. Woodward.

On trouve dans le Cénomanien du nord de la France beaucoup de Lamnidés déjà signalés dans le bassin de Paris : *Scapanorhynchus subulatus* Ag. sp., *S. rhaphiodon* Ag. sp., *Oxyrhina Mantelli* Ag., *O. acuminata* Ag. sp., *Lamna appendiculata* Ag. sp., *Otodus semiplicatus* Ag. (= *O. sulcatus* Geinitz), et en outre *Scapanorhynchus gracilis* Ag. sp., *S. macrorhizus* Cope déjà signalé dans l'Albien, *Oxyrhina angustidens* Reuss, *Lamna serrata* Ag. sp. (3).

Les Téléostomes ne sont pas bien représentés. On trouve seulement des coprolithes de *Macropoma Mantelli* Ag., des débris de Pycnodontes indéterminés, de *Pycnodus scrobiculatus* Reuss, de *Cœlodus* sp. avec des dents de *Protosphyræna*,

(1) A. Smith Woodward, *Catalogue*, part IV, p. 73.

(2) F. Priem, *Bull. Soc. géol. France*, 3e sér., t. XXV, 1897, p. 48.

(3) Agassiz a donné le nom d'*Otodus serratus* à des dents du Crétacé supérieur de Maëstricht et que le Dr A. Smith Woodward est disposé à regarder comme des dents postérieures d'*Odontaspis Bronni* Ag. Les dents désignées par M. Leriche sous le nom de *Lamna serrata* me paraissent différentes de l'espèce d'Agassiz.

d'*Enchodus* sp. et aussi des écailles d'*Osmeroides lewisiensis* Mantell sp. et des fragments de *Syllæmus anglicus* Dixon sp.

Le Cénomanien d'Angleterre est riche en débris de Poissons. Comme Élasmobranches, on trouve des Cestraciontes (*Cestracion sulcatus* A. S. Woodward; piquants de *Cestracion* ou de *Synechodus*), des Notidanidés (*Corax falcatus* Ag.). La plupart des espèces de Lamnidés du bassin de Paris sont présentes, telles sont : *Scapanorhynchus subulatus*, *S. rhaphiodon*, *Oxyrhina Mantelli*, *O. acuminata*, *O. macrorhiza*, *Lamna appendiculata*, *Otodus semiplicatus* (*O. sulcatus*).

Le Cénomanien d'Angleterre est riche en débris de Chiméroïdes des genres *Ischyodus* et *Edaphodon*, tandis qu'on n'en a pas encore signalé dans le Cénomanien du bassin parisien et du nord de la France.

Il est surtout très riche en Téléostomes. On y trouve les derniers *Lepidotus* (*L. pustulatus* A. S. Woodward), de nombreux Pycnodontes des genres *Cœlodus*, *Anomœodus*, *Athrodon* appartenant à des espèces qu'on n'a signalées que là, de nombreuses espèces de *Protosphyræna* (*P. ferox* Leidy et espèces locales nommées par le Dr A. S. Woodward), et aussi des Eugnathidés (genre *Lophiostomus*), des Aspidorhynchidés (g. *Belonostomus*), Chirocentridés (g. *Cladocyclus*, *Portheus*, *Ichthyodectes*, *Tomognathus*), Ostéoglossidés (g. *Plethodus*), Albulidés (g. *Anogmius*), Clupéidés (*Syllæmus anglicus* Dixon sp.) ; Cténothrissidés (g. *Ctenothrissa*, *Aulolepsis*) ; Halosauridés (g. *Enchelurus*), Enchodontidés (g. *Enchodus*, *Halec*, *Cimolichthys*, *Apateodus*), Béricydés (g. *Hoplopteryx*, *Trachiichthyoides*, *Homonotus*) ; Stromatéidés (g. *Berycopsis*).

Le Cénomanien d'Allemagne renferme des *Ptychodus* (*P. decurrens*), des Cestraciontes des genres *Cestracion* et *Synechodus*, des Notidanidés (*Corax falcatus*), des Lamnidés tels que les espèces cosmopolites : *Scapanorhynchus subulatus*, *S. rhaphiodon*, *Oxyrhina Mantelli*, *Lamna appendiculata*, *Otodus semiplicatus* (*O. sulcatus*), et en outre *Oxyrhina Zippei* Ag., *Lamna crassa* Ag.

Il y a aussi des Chiméroïdes du genre *Edaphodon*, des Pycnodontes des genres *Gyrodus* et *Anomœodus*, entre autres *A. Muensteri* Ag. sp. (Cénomanien de la Bavière), qui a peut-être vécu dans le golfe parisien, et un Élopidé : *Elopopsis Ziegleri* von der Marck.

Le golfe parisien de l'époque cénomanienne a nourri surtout des Squales cosmopolites, un Téléostome carnassier : *Protosphyræna ferox*, et des Poissons broyeurs de coquilles, comme les *Ptychodus* et les Pycnodontes.

La plupart des espèces de Squales se retrouvent dans les niveaux supérieurs et aussi les espèces de *Ptychodus*. On doit noter la présence d'espèces albiennes comme *Oxyrhina macrorhiza* et *O. subinflata*. On doit noter aussi la présence dans le Cénomanien du bassin parisien d'espèces de *Ptychodus* : *P. rugosus* et *P. multistriatus* qui dans les régions voisines n'apparaissent qu'à l'époque turonienne.

Les espèces de Pycnodontes du Cénomanien parisien sont pour la plupart des espèces locales : *Anomœodus cenomanicus*, *Cœlodus major*, *Pisodus Foucardi*, qui se sont développées sur place et n'ont pas pris d'extension. Il en a été de même pour les Pycnodontes d'Angleterre.

2° Époque turonienne.

A l'époque turonienne, le bassin parisien était un golfe ayant à peu près la même configuration qu'à l'époque cénomanienne. Les Poissons qui y vivaient étaient analogues à ceux de l'époque précédente et appartenaient pour la plupart aux mêmes espèces.

Élasmobranches. — On retrouve les espèces de *Ptychodus* déjà signalées. Telles sont *P. mammillaris* Ag. dans l'Yonne (Joigny, Saint-Julien), dans l'Oise (Saint-Martin-le-Nœud, Mont-Saint-Adrien, Cuigy), dans la Seine-Inférieure (Notre-Dame-de-Bon-Secours, près Rouen, Turonien supérieur, coll. Fortin), dans la Sarthe (Requeuil); *P. decurrens* Ag. dans la Seine-Inférieure (Montagne Sainte-Catherine, près Rouen) et l'Yonne (Dracy); *P. polygyrus* Ag. dans l'Eure [coll. Fortin] et probablement dans l'Yonne (Dracy).

Le *P. rugosus* Dixon a été signalé par moi (1) dans le Turonien supérieur de Limeray (Indre-et-Loire); je l'ai retrouvé dans le Turonien de Saint-Paul (Oise, coll. Ch. Janet), dans celui de la Seine-Inférieure [Montagne Sainte-Catherine, coll. Ch. Janet; Belbeuf (2), coll. Fortin], dans le Turonien supérieur de l'Yonne (Saint-Julien, coll. J. Lambert).

Les Squales sont nombreux. On trouve le *Notidanus microdon* Ag. (Armeau, Yonne, coll. J. Lambert, Turonien supérieur), le *Corax falcatus* Ag. [Belbeuf, Seine-Inférieure, coll. Fortin; Ville-sur-Tourbe, Marne (3)].

Les Lamnidés, assez nombreux, sont les suivants :

Scapanorhynchus subulatus Ag. sp., Saint-Julien (Yonne) [Turonien supérieur, coll. J. Lambert]; Vitry-en-Perthois (Marne) (4); Belbeuf (Seine-Inférieure) [coll. Fortin].

— *rhaphiodon* Ag. sp., Saint-Julien (Yonne) [coll. J. Lambert]; Vitry-en-Perthois (Marne); Belbeuf (Seine-Inférieure) [coll. Fortin].

Oxyrhina Mantelli Ag., Armeau, Saint-Julien (Yonne) [coll. J. Lambert]; Vitry-en-Perthois (Marne); Montagne Sainte-Catherine, Neufchâtel-en-Bray (Seine-Inférieure) [coll. Fortin]; Vernonnet (Eure) [même collection]; Requeuil, Yvré-le-Polin (Sarthe) (5); Saint-Martin-des-Bois (Loir-et-Cher) [coll. Durand, Muséum] (6).

(1) F. Priem, *Bull. Soc. géol. France*, 3e sér., t. XXIV, 1896, p. 289-290.

(2) L'espèce a été également signalée à Belbeuf par M. L. Coulon. Les Poissons fossiles du Musée d'histoire naturelle d'Elbeuf (Publication de la Société d'études des Sciences naturelles d'Elbeuf, 1903, p. 24).

(3) Cité dans cette localité par M. Leriche, Revision, p. 122.

(4) Id., Contribution, p. 70. De même pour les autres espèces citées dans cette localité.

(5) Les localités de la Sarthe signalées ici ont été indiquées par le Dr Sauvage, mémoire cité. Il cite à Yvré-le-Polin une espèce nouvelle, *Otodus oxyrhinoides* (p. 24-25, fig. 39-41, fig. 54-56) qui est probablement *O. Mantelli*.

(6) M. A. Peron, mémoire cité, p. 117, signale à Dracy (Yonne) *Oxyrhina* aff. *Mantelli* et *Lamna* aff. *acuminata*

Oxyrhina acuminata Ag. sp., Dracy (Yonne); Yvré-le-Polin (Sarthe).

Lamna appendiculata Ag. sp., Belbeuf (Seine-Inférieure) [coll. Fortin]; Saint-Martin-des-Bois (Loir-et-Cher) [coll. Durand, Muséum].

Otodus semiplicatus Ag. (*O. sulcatus* Geinitz), Dracy (Yonne) [coll. J. Lambert]; Tancarville [coll. Michelin, Muséum] et Belbeuf [coll. Fortin] (Seine-Inférieure); Saint-Martin-des-Bois (Loir-et-Cher) [coll. Durand, Muséum]; Requeuil, Yvré-le-Polin (Sarthe); la Chartre-sur-le-Loir (Sarthe) [Muséum] (pl. I, fig. 8-9).

— *spathula* Sauvage, Saint-Martin-des-Bois (Loir-et-Cher) [coll. Durand, Muséum].

Téléostomes. — Les Téléostomes trouvés jusqu'ici dans le Turonien du bassin parisien sont peu nombreux. Il y a des Pycnodontes.

M. Sauvage a décrit une dentition spléniale de Requeuil (Sarthe) sous le nom de *Pycnodus aulercus*; il s'agit probablement du genre *Anomœodus*.

J'ai décrit sous le nom de *Cœlodus attenuatus* une dentition mandibulaire de Pycnodonte trouvée dans le Turonien de Dissé-sous-le-Lude (Sarthe) (1). Cette espèce est voisine de *C. parallelus* Dixon sp. du Sénonien.

Je dois citer aussi des écailles trouvées dans le Turonien inférieur de Belbeuf, près Rouen (coll. Fortin) et que j'ai rapportées avec doute à l'*Osmeroides lewesiensis* Mantell sp., Poisson de la famille des Élopidés à corps fusiforme, à écailles cycloïdes munies de fines lignes rayonnantes de tubercules, et commun dans le Turonien et le Sénonien d'Angleterre.

Une autre espèce du Crétacé d'Angleterre a laissé des traces dans le Turonien de Rouen. C'est l'*Enchodus lewesiensis* Mantell sp., Poisson carnassier muni de dents pointues soudées à l'os et dont certaines sont particulièrement grandes, surtout une dent unique fixée à l'os palatin. Au Muséum (coll. Michelin), il y a une tête écrasée avec mandibule armée de fortes dents, le palatin pourvu d'une grande dent (2) [pl. I, fig. 10]. Les Enchodontidés ont des rapports avec des Poissons actuels pourvus d'une forte dentition, comme ceux du genre *Odontostomus* de la Méditerranée.

On trouve assez fréquemment dans les dépôts crétacés les restes d'un Poisson d'environ 30 centimètres de long, couvert de grandes écailles cténoïdes et possédant des rayons épineux. Ce Poisson acanthoptérygien a été d'abord attribué au genre actuel

(1) F. Priem, Sur des Pycnodontes et des Squales du Crétacé supérieur du bassin de Paris (Turonien, Sénonien, Montien inférieur) [*Bull. Soc. géol. France*, 3e sér., t. XXVI, 1898, p. 230-232, pl. II, fig. 1].

(2) A Montgueux (Aube), la zone de passage du Turonien au Sénonien a fourni des restes d'*Enchodus* (pl. I, fig. 11). Au Muséum se trouve le moulage d'un fragment de mâchoire d'*Enchodus* conservé au Musée de Troyes. Il y a également le moulage d'une mandibule mal conservée provenant de la même localité et conservée au même musée. Cette mâchoire est désignée sous le nom d'*Hypsodon lewesiensis* Ag. Les dents sont subcylindriques et paraissent avoir été égales, ce qui indiquerait un Poisson du genre *Ichthyodectes* (famille des Chirocentridés).

Beryx sous le nom de *Beryx ornatus* Ag. On l'attribue aujourd'hui au genre *Hoplopteryx* sous le nom d'*Hoplopteryx lewesiensis* Mantell sp.

Le genre éteint *Hoplopteryx* diffère du genre *Beryx* par l'extension plus grande de la partie épineuse de la nageoire dorsale et la moindre longueur de la nageoire anale. Mais les plus proches alliés des *Hoplopteryx* crétacés sont les *Beryx* actuels, Poissons de grande profondeur.

Des restes d'*Hoplopteryx lewesiensis* provenant de la craie turonienne de Rouen se trouvent au Muséum. L'exemplaire le mieux conservé (pl. I, fig. 12) est un Poisson vu du côté gauche couvert de grandes écailles écrasées ; la ligne latérale est représentée par un sillon accusé voisin du bord dorsal et placé au-dessus de la colonne vertébrale dont on voit l'empreinte. La tête est en très mauvais état, les nageoires ont disparu, sauf cinq ou six piquants qui représentent la partie épineuse de la dorsale.

M. J. Lambert a bien voulu me laisser étudier dans ces dernières années deux exemplaires provenant du Turonien supérieur de Fontvanne (Aube) et que j'ai reconnu appartenir à cette espèce. L'exemplaire le mieux conservé a 21 centimètres de long sur 10 de hauteur (nageoires non comprises). La tête est écrasée, on voit les écailles délicatement pectinées, la nageoire dorsale avec ses rayons épineux, une pectorale, l'anale, la caudale bifurquée et quelques vertèbres.

Comparaison des Poissons turoniens du bassin parisien avec ceux des régions voisines. — On trouve dans le nord de la France une faune turonienne très analogue à celle du bassin parisien.

Il y a les mêmes espèces de *Ptychodus*, et en outre *P. latissimus* Ag. Les Squales sont représentés par *Corax falcatus* Ag., *Scapanorhynchus rhaphiodon* Ag. sp., *Oxyrhina Mantelli* Ag., *O. angustidens* Reuss, *Lamna appendiculata* Ag. sp., *Otodus semiplicatus* Ag. (*O. sulcatus* Geinitz).

Les Téléostomes sont peu abondants. Outre des coprolithes de *Macropoma Mantelli*, on ne peut noter que des fragments de dentition de Pycnodontes : *Cœlodus* sp., des dents isolées de *Protosphyræna* sp. et une dent barbelée d'un Enchodontidé du genre *Cimolichthys* (1).

De même que nous l'avons déjà remarqué pour les dépôts cénomaniens, les dépôts turoniens d'Angleterre ont livré une faune ichthyologique beaucoup plus riche.

Comme Élasmobranches, il y a des Anges de mer (*Squatina*), des *Ptychodus* appartenant aux espèces déjà signalées dans le bassin parisien, et en outre *P. latissimus* Ag., *P. multistriatus* Ag., *P. Mortoni* Mantell, *P. levis* A. S. Woodward. Il y a des Notidanidés (*Notidanus microdon* Ag., *Corax falcatus* Ag.), des Cestraciontes (genres *Cestracion* et *Synechodus*), des Scylliidés ou Roussettes (genres *Scyllium* et *Cantioscyllium*). Les Lamnidés appartiennent aux mêmes espèces que dans le bassin

(1) M. Leriche, Contribution, etc., p. 71-72.

parisien (1) ; il y manque seulement *Otodus spathula* Sauvage. En revanche, les Carchariidés paraissent avoir débuté en Angleterre pendant l'époque turonienne avec *Galeocerdo Jaekeli* A. S. Woodward.

Les Chiméroïdes, qui ne se montrent pas dans la craie turonienne de la région parisienne, sont nombreux en Angleterre (genres *Ischyodus*, *Edaphodon*, *Elasmodectes*).

Surtout les Téléostomes sont très abondants. Il faut remarquer que beaucoup d'espèces du Crétacé d'Angleterre se poursuivent depuis le Cénomanien jusque dans le Sénonien. Le Dr A. Smith Woodward a publié d'importants travaux sur ces Téléostomes du Crétacé d'Angleterre et en a récemment repris l'étude détaillée (2).

Outre les débris et coprolithes de *Macropoma Mantelli* et les dentitions de Pycnodontes appartenant à des espèces locales comme *Cœlodus fimbriatus* A. S. Woodward et *Anomœodus Willetti* A. S. Woodward, il y a des Eugnathidés (g. *Neorhombolepis*), Pachycormidés (g. *Protosphyræna*), Aspidorhynchidés (g. *Belonostomus*), Elopidés (g. *Elopopsis*, *Osmeroides*, *Thrissopater*, *Pachyrhizodus*, *Protelops*), des Ostéoglossidés (g. *Plethodus*, *Thryptodus*), Chirocentridés (g. *Portheus*, *Ichthyodectes*, *Cladocyclus*, *Tomognathus*), Clupéidés (g. *Syllæmus*), Cténothrissidés (g. *Ctenothrissa*, *Aulolepis*), Dercétidés (g. *Dercetis*, *Leptotrachelus*), Enchodontidés (g. *Enchodus*, *Halec*, *Cimolichthys*, *Prionolepis*, *Apateodus*), Scopélidés (g. *Sardinioides*), Murænidés, (g. *Urenchelys*), Bérycidés (g. *Hoplopteryx*), Stromatéidés (g. *Berycopsis*).

Faisant abstraction des Pycnodontes qui appartiennent à des espèces locales, les Téléostomes du Turonien du bassin parisien : *Osmeroides lewesiensis*, *Enchodus lewesiensis*, *Hoplopteryx lewesiensis* se trouvent dans le Turonien d'Angleterre.

Dans le Turonien d'Allemagne, il y a une faune d'Élasmobranches analogue à celle d'Angleterre, mais déjà moins riche. On y trouve des *Ptychodus* ; ce sont les espèces du bassin de Paris et du nord de la France, y compris *P. latissimus*, mais *P. rugosus* manque et paraît limité aux mers du nord de la France et de l'Angleterre. On retrouve *Notidanus microdon* et *Corax falcatus*, mais il y a des *Squatina*, des Cestraciontes et des Scylliidés (g. *Scyllium*). Les Lamnidés présentent les espèces cosmopolites *Scapanorhynchus subulatus*, *S. rhaphiodon*, *Oxyrhina Mantelli*, *O. angustidens*, *Lamna appendiculata*, *Otodus semiplicatus* (= *O. sulcatus*). On doit noter aussi *Scapanorhynchus macrorhizus* Cope sp. signalé dès l'Albien dans le bassin parisien.

Les Téléostomes du Turonien d'Allemagne connus jusqu'ici sont d'abord des Cœlacanthidés (*Macropoma Mantelli*), des Pycnodontes (*Anomœodus angustus* Ag. sp., *A. Muensteri* Ag. sp.) trouvés déjà dans les niveaux inférieurs. Il y a en outre des

(1) Rappelons que l'*Oxyrhina acuminata* Ag. sp. est souvent confondue avec l'*O. Mantelli* Ag.

(2) A. Smith Woodward, The fossil Fishes of the english chalk (*Palaeontographical Society*), part I, 1902, p. 1-56, 12 fig., pl. I-XIII ; part II, 1903, p. 57-96, fig. 13-23, pl. XIV-XX ; part III, 1907, p. 97-128, fig. 24-38, pl. XXI-XXVI.

écailles trouvées dans le Turonien de Saxe et attribuées par Geinitz à des Élopidés (genres *Acrogrammatolepis*, *Aspidolepis*, *Cyclolepis*, *Hemicyclus*, *Hemilampronites*). Les Chirocentridés sont représentés par des fragments de mâchoires de *Portheus* sp. et des écailles de *Cladocyclus strehlensis* Geinitz. Il y a des Enchodontidés : *Enchodus lewesiensis* Mantell sp. d'Angleterre et de France, *Cimolichthys marginatus* Reuss sp. Enfin il y a des Bérycidés du genre *Hoplopteryx* : *H. lewesiensis* Mantell sp. déjà signalé et *H. Zippei* Ag. sp.

Les dépôts turoniens du bassin de Paris contiennent donc des Ptychodontidés et des Squales qu'on retrouve ailleurs et qui semblent cosmopolites et une espèce locale, *Otodus spathula* Sauvage ; des Pycnodontes localisés : *Anomœodus aulercus* Sauvage, *Cœlodus attenuatus* Priem et trois espèces de Téléostomes ayant une grande extension et qui semblent provenir de la mer d'Angleterre : *Osmeroides lewesiensis*, *Enchodus lewesiensis*, *Hoplopteryx lewesiensis*, et peut-être aussi *Ichthyodectes* sp. Sur dix-neuf espèces de Poissons, il y en a quinze qu'on trouve dans le Cénomanien ; les seules qui fassent exception sont *Osmeroides lewesiensis*, les deux Pycnodontes et l'*Otodus spathula*. On doit noter le développement dans le Turonien supérieur de *Ptychodus rugosus*, représenté d'ailleurs probablement dans le Cénomanien par *P. Trigeri* Sauvage.

3° Époque sénonienne.

A l'époque du Sénonien inférieur (craie à Micrasters) qui a succédé à l'époque turonienne, la mer a couvert la plus grande partie du bassin parisien. Ensuite, à l'époque du Sénonien supérieur, le golfe parisien s'est beaucoup rétréci du côté de l'ouest comme du côté de l'est. Il a été complètement séparé des régions du Midi et une terre continue paraît s'être étendue de la Bretagne jusqu'à la Bohême.

Nous verrons que la faune ichthyologique a subi des changements, surtout des disparitions d'espèces, pendant les diverses phases du Sénonien. Nous considérons d'abord les espèces communes à tous les niveaux, puis celles du Sénonien inférieur (craie à Micrasters), enfin celles du Sénonien supérieur que nous diviserons lui-même en craie à *Actinocamax quadratus*, craie à Belemnitelles et craie à *Belemnitella mucronata*. La craie à Bélemnitelles contient à la fois les deux espèces.

Espèces communes à tous les niveaux du Sénonien. — Les espèces communes à tous les niveaux du Sénonien sont surtout des Squales.

Scapanorhynchus subulatus Ag. sp. Craie à Micrasters : Véron, Theil, Paron, Sens (Yonne) ; Goincourt (Oise) ; Le Trait, Saint-Adrien, Corneville, Elbeuf (Seine-Inférieure) ; Villedieu (Loir-et-Cher).

Craie à *Actinocamax quadratus* : Hardivillers (Oise).

Craie à Bélemnitelles : Villers-Saint-Lucien (Oise) ; Verzy (Marne).

Craie à *Belemnitella mucronata* : Meudon (Seine-et-Oise).

Sénonien, assise indéterminée : Ervy (Aube); Dieppe (Seine-Inférieure) ; Savignies (Oise) (1).

Scapanorhynchus rhaphiodon Ag. sp. (pl. I, fig. 13). Craie à Micrasters : Sens, Saint-Martin, Joigny (Yonne); Goincourt (Oise); Elbeuf, Sotteville, Saint-Adrien (Seine-Inférieure) ; Villedieu, Vendôme (Loir-et-Cher); La Roche-Racan (Indre-et-Loire).

Craie à *Actinocamax quadratus* : Hardivillers, Breteuil (Oise) ; Soucy (Yonne).

Craie à Bélemnitelles : Reims, Verzy (Marne).

Craie à *Belemnitella mucronata* : Pouilly (Oise) ; Meudon (Seine-et-Oise) (2).

Sénonien, assise indéterminée : Savignies (Oise).

— *macrorhizus* Cope sp. (3). Craie à Micrasters : Villedieu (Loir-et-Cher).

Craie à *Actinocamax quadratus* : Soucy (Yonne).

Craie à *Belemnitella mucronata* : Meudon (Seine-et-Oise).

Oxyrhina Mantelli Ag. Craie à Micrasters : Saint-Julien (Yonne) ; Troissereux, Dieppedalle, Flambermont (Oise); Elbeuf, Sotteville, Duclair, la Bouille, Orival, Saint-Adrien (Seine-Inférieure) ; Villedieu, Villavard (Loir-et-Cher).

Craie à Bélemnitelles : Notre-Dame-du-Thil (Oise).

Craie à *Belemnitella mucronata* : Chavot (Marne).

Sénonien, assise indéterminée : Savignies (Oise).

Lamna appendiculata Ag. sp. Craie à Micrasters : Rosoy (Yonne); Goincourt (Oise) ; Saint-Adrien, Elbeuf, Isneauville, Notre-Dame-de-Bon-Secours, Bondeville, Maromme, Caudebec-en-Caux, Sotteville, Canteleu, Orival (Seine-Inférieure) ; Gaillon (Eure) ; Villedieu, Trebet, Villavard (Loir-et-Cher).

Craie à *Actinocamax quadratus* : Soucy (Yonne) ; Hardivillers, Breteuil, Villers-Saint-Lucien (Oise).

(1) Les divers débris de Poissons fossiles provenant du Sénonien de Savignies (Oise) m'ont été communiqués par M. Paul Combes fils, attaché au Muséum (Géologie).

(2) J'ai trouvé une dent de cette espèce, provenant de Meudon, dans la collection Bourdot.

(3) J'ai décrit ces dents de Villedieu et de Meudon (*Bull. Soc. géol. France*, 3e sér., t. XXV, 1877, p. 43-44, pl. I. fig. 16-17) comme dents de *S. subulatus* ayant en même temps des rapports avec *Otodus sulcatus* Geinitz sp. M. Leriche a fait remarquer leur analogie avec *S. macrorhizus*, qu'il a signalé aussi dans le Sénonien d'Elbeuf, assise indéterminée.

Craie à Bélemnitelles : Reims, Verzy (Marne) ; Notre-Dame-du-Thil (Oise).

Craie à *Belemnitella mucronata* : Meudon (Seine-et-Oise).

Sénonien, assise indéterminée : Margny-les-Compiègne, Savignies (Oise).

Corax falcatus Ag. Craie à Micrasters : Saint-Adrien, Elbeuf, Orival (Seine-Inférieure) ; Villedieu (Loir-et-Cher) ; La Roche-Racan (Indre-et-Loire).

Craie à *Actinocamax quadratus* : Hardivillers (Oise).

Corax pristodontus Ag. (var. *Kaupi* Ag.). Craie à Micrasters : Goincourt (Oise) ; Guillon (Eure) ; La Roche-Racan (Indre-et-Loire).

Craie à *Actinocamax quadratus* : Saint-Martin-du-Tertre (Yonne) ; Hardivillers, Breteuil (Oise).

Craie à Bélemnitelles : Verzy (Marne).

Sénonien, assise indéterminée : Savignies (Oise).

[La liste des localités ci-dessus indiquées a été dressée pour la craie de l'Yonne d'après la collection de M. le président J. Lambert, pour celle de l'Oise d'après la collection de M. Ch. Janet et d'après l'ouvrage de Graves cité plus haut, pour la Normandie d'après la collection de M. Fortin et aussi d'après le Mémoire de M. Coulon déjà cité et les listes de Bucaille, pour la Champagne d'après M. Peron, M. Leriche (mémoire cité) et la collection de M. Bellevoye, de Reims (pour la localité de Verzy) ; pour la Touraine d'après la collection du Muséum et aussi d'après quelques indications données par M. Sauvage dans son mémoire sur les Poissons crétacés de la Sarthe ; enfin, pour Meudon d'après le mémoire d'Hébert sur la craie de Meudon et mes recherches dans les collections du Muséum, de la Sorbonne et de l'École des Mines.]

On voit que les Squales communs aux diverses assises du Sénonien sont les Lamnidés trouvés déjà dans toutes les couches du Crétacé :

Scapanorhynchus subulatus Ag. sp.
— *rhaphiodon* Ag. sp.
Oxyrhina Mantelli Ag.
Lamna appendiculata Ag. sp.

Il faut y joindre :

Corax falcatus Ag.

qu'on trouve également dans toutes les couches du Crétacé depuis le Cénomanien au moins jusque dans la craie à *Actinocamax quadratus*.

Avec l'époque sénonienne, on voit apparaître une autre espèce de *Corax* : *C. pris-*

todontus Ag. C'est la variété de petite taille qui apparaît d'abord (variété *Kaupi* Ag.). Ce n'est que dans le Sénonien le plus supérieur, celui de Maëstricht, qu'on trouve le *Corax pristodontus* Ag. typique de taille plus grande.

Agassiz avait décrit sous le nom de *Corax affinis* une petite espèce dont j'ai fait le genre *Pseudocorax* à cause de la petitesse et de l'irrégularité des crénelures des dents et de leur aspect général rappelant à la fois les genres *Corax* et *Sphyrna* (1).

Pseudocorax affinis Ag. sp. se trouve dans la craie à *Micraster coranguinum* de Paron (Yonne) [coll. J. Lambert]. Mais il se montre surtout dans la craie à *Belemnitella mucronata*, ainsi à Meudon (Seine-et-Oise) et à Chavot (Marne) (2).

Des Téléostomes se montrent aussi dans les diverses parties du Sénonien du bassin parisien. Ce sont :

Osmeroides lewesiensis Ag. sp. Craie à Micrasters : Rouvroy-les-Merles (Oise).
Craie à Bélemnitelles : Notre-Dame-du-Thil, Therdonne (Oise).

Enchodus lewesiensis Mantell sp. Craie à Micrasters : Goincourt (Oise), Elbeuf (Seine-Inférieure).
Craie à Bélemnitelles : Villers-Saint-Lucien (Oise).
Craie à *Belemnitella mucronata* : Meudon et Bougival (Seine-et-Oise) (pl. II, fig. 2).
Niveau non indiqué : Boissy, Guehenies (Oise).

Nous verrons que l'*Hoplopteryx lewesiensis* Mantell sp. se montre dans la craie à Bélemnitelles et dans l'assise à *Belemnitella mucronata*, mais on ne l'a pas signalé dans la craie à Micrasters. L'*Osmeroides lewesiensis* se trouve dans la craie à Bélemnitelles de l'Oise, mais on ne l'a pas signalé dans l'assise proprement dite à *Belemnitella mucronata*.

Les Téléostomes dont il s'agit se sont déjà montrés dans le Turonien du bassin parisien et des régions voisines, et même le premier se trouve dans le Cénomanien du nord de la France et les deux autres dans le Cénomanien d'Angleterre.

Faune ichthyologique du Sénonien à Micrasters. — 1° ***Élasmobranches.*** — Aux espèces précédentes s'associent dans le Sénonien à Micrasters plusieurs espèces de *Ptychodus*, trouvées déjà dans les niveaux inférieurs du Crétacé :

Ptychodus mammillaris Ag. La Bouille, Saint-Aignan, Elbeuf (Seine-Inférieure) ; Villiers (Loir-et-Cher).
— *decurrens* Ag. Breteuil, Croissy (Oise) ; Elbeuf (Seine-Inférieure) ; Saint-Fraimbault (Sarthe).

(1) F. Priem, Sur des dents d'Élasmobranches de divers gisements sénoniens (*Bull. Soc. géol. France*, t. XXV, 1897, p. 46-47, pl. I, fig. 20-27).

(2) M. Leriche (Contribution, etc., p. 80-81) distingue les dents de *Pseudocorax affinis* du Sénonien de celles du Maëstrichtien mieux crénelées et plus grandes ; il en fait une variété *lævis*.

Ptychodus polygyrus Ag. Troissereux (Oise) ; Elbeuf (Seine-Inférieure). Également dans le Sénonien de Savignies (Oise).
— aff. *polygyrus* Ag. Villedieu (Loir-et-Cher) (1).
— *rugosus* Dixon. Saint-Adrien, Préaux (Seine-Inférieure); Cangey (Indre-et-Loire) ; Villiers ? (Loir-et-Cher).
— *latissimus* Ag. Croissy (Oise) ; Elbeuf (Seine-Inférieure) (2).

Le *Notidanus microdon* Ag., cité dans les étages inférieurs, a été signalé par Bucaille dans la craie à Micrasters d'Elbeuf.

Comme Lamnidés, il y a :

Oxyrhina angustidens Reuss. Villedieu (Loir-et-Cher). L'espèce se montre déjà dans le Cénomanien et le Turonien du nord de la France (3).
Otodus semiplicatus Ag. (*O. sulcatus* Geinitz). Cangey (Indre-et-Loire); Villedieu, Bourré (Loir-et-Cher) ; La Ribochère (Sarthe) (4) ; Saint-Adrien, Duclair, Sotteville, Quevilly (Seine-Inférieure).
— *spathula* Sauvage. Villavard (Loir-et-Cher).

O. semiplicatus Ag. se montre dès le Cénomanien et peut-être dès l'Albien. *O. spathula* a été signalé dans le Turonien.

Des vertèbres de Squales ont été trouvées aussi à Goincourt (Oise).

Les Hybodontes, si développés dans les temps jurassiques, sont représentés dans le Crétacé par le genre *Synechodus*, genre fondé par le Dr A. Smith Woodward. Les dents présentent un cône principal élancé flanqué de denticules latéraux minces et pointus dans les dents voisines de la symphyse et au nombre de deux ou trois de chaque côté. Les dents latérales deviennent de plus en plus larges à mesure qu'elles se rapprochent du fond de la gueule ; leur cône principal diminue de hauteur et les denticules latéraux deviennent plus nombreux et plus massifs. La racine fait toujours une forte saillie du côté interne et y présente une frange caractéristique. J'ai montré que le genre *Synechodus* existait déjà à l'époque cénomanienne (voir plus haut) dans le nord de la France, et j'ai trouvé une dent de *Synechodus* dans la collection J. Lambert, provenant du Sénonien à *Micraster cor anguinum* de Sens (Yonne). Elle est ici figurée (fig. 20).

Fig. 20. — *Synechodus* sp. Dent vue par la face interne, au triple de la grandeur. Sénonien de Sens (Yonne), craie à *Micraster cor anguinum* [coll. J. Lambert].

(1) F. Priem, *Bull. Soc. géol. France*, 3e sér., t. XXV, 1897, p. 49, pl. I, fig. 28.
(2) L'espèce se trouve aussi à Dieppe et à la Bouille, niveau non indiqué. Elle a été citée aussi par A. Leymerie et V. Raulin (Statistique géologique de l'Yonne, 1858, p. 502) dans la craie à *Micraster cor anguinum* de l'Yonne avec *P. mammillaris*.
(3) L'espèce se trouve aussi dans le Sénonien d'Elbeuf, assise indéterminée.
(4) Les dents trouvées à la Ribochère ont été désignées par M. Sauvage sous le nom d'*Otodus pinguis*.

2°. ***Holocéphales.*** — Les Holocéphales paraissent avoir été rares dans la mer sénonienne du bassin parisien. Cependant, M. Leriche (1) cite un piquant trouvé dans le Sénonien d'Elbeuf (Seine-Inférieure), probablement dans la craie à Micrasters.

3° ***Téléostomes.*** — PYCNODONTES. — Il y a des Pycnodontes provenant de la région de l'Ouest. Ils appartiennent pour la plupart au genre *Anomœodus.*

Anomœodus angustus Ag. sp. Cangey (Indre-et-Loire); Villedieu (Loir-et-Cher).
— *Muensteri* Ag. sp. La Roche-Racan (Indre-et-Loire).
— *subclavatus* Ag. sp. Villavard (Loir-et-Cher).

Les deux premières espèces se montrent déjà dans le Cénomanien, la seconde même dès le Barrêmien, la troisième semble n'apparaître qu'au Sénonien, pour se continuer jusqu'à la fin du Crétacé supérieur.

Fig. 21. — *Pycnodus* aff. *scrobiculatus* Reuss. Dent vue au triple de la grandeur. Sénonien, craie à Micrasters, Villedieu (Loir-et-Cher) [coll. Durand, Paléontologie, Muséum].

Fig. 22. — *Ancistrodon* sp. Dent vue au triple de la grandeur. Sénonien de Sens (Yonne), craie à *Micraster cor anguinum* [coll. J. Lambert].

Il y a aussi des dents isolées de Pycnodontes, particulièrement à Villedieu et Villavard (Loir-et-Cher) et à Saint-Fraimbault (Sarthe). Le Dr Sauvage a proposé le nom de *Pycnodus tritor* pour des dents de cette dernière localité.

La collection Durand au Muséum renferme une petite dent provenant de Villedieu, arrondie, finement ponctuée de petits trous et qu'on doit rapprocher de *Pycnodus scrobiculatus* Reuss du Cénomanien de Bohême et du nord de la France (*scrobiculus* : petite fosse). Nous appellerons cette dent de Villedieu *P.* aff. *scrobiculatus* Reuss (fig. 21).

On doit peut-être rapprocher des Pycnodontes une petite dent (fig. 22) appartenant au genre *Ancistrodon* et provenant du Sénonien à *Micraster cor anguinum* de Sens [coll. J. Lambert]. On désigne sous le nom d'*Ancistrodon* des dents de forme singulière cantonnées dans le Sénonien et le Tertiaire inférieur. Elles sont très comprimées latéralement, la couronne est crochue en forme de griffe (d'où le nom d'*Ancistrodon* donné par Debey). Elle est fortement concave sur le bord postérieur. La racine, aussi large ou plus large que la base de la couronne, va ensuite en s'amincissant vers le bas. Les dents de cette sorte ont une certaine analogie avec les dents pharyngiennes des Balistes, mais elles pourraient être aussi des dents préhensiles de Pycnodontes. La petite dent de Sens figurée ici sera appelée *Ancistrodon* sp.

(1) M. LERICHE, Contribution, p. 91.

Autres Téléostomes. — Les Poissons carnassiers de la famille des Pachycormidés appelés *Protosphyræna ferox* Leidy ont vécu dans la mer sénonienne du bassin de Paris. Ils se sont montrés dès l'époque cénomanienne. La collection Ch. Janet renferme un fragment de dent que j'attribue à cette espèce ; il provient du Sénonien de Dieppe.

Fig. 23. — *Portheus* sp. Dent vue grandeur naturelle, de profil et en coupe. Sénonien inférieur ou Turonien supérieur, Cangey (Indre-et-Loire) [coll. de Vibraye, Paléontologie, Muséum].

Des écailles pourvues de délicates serrations sur le bord postérieur proviennent du Sénonien inférieur de Belbeuf (Seine-Inférieure) [coll. Fortin]. Elles proviennent probablement d'un Poisson voisin de *Ctenothrissa* (*Beryx*) *radians* Ag. sp., espèce représentée dans le Cénomanien et le Turonien d'Angleterre. Nous les appellerons *Ctenothrissa* sp. ?

Je rapporte au genre *Portheus*, formé de grands Poissons carnassiers de la famille des Chirocentridés, une dent trouvée à Cangey (Indre-et-Loire) [coll. de Vibraye, Muséum] dans le Sénonien le plus inférieur ou le Turonien le plus supérieur (fig. 23).

Une dent trouvée à Goincourt (Oise) [coll. Ch. Janet] appartient au genre *Cimolichthys* de la famille des Enchodontidés ; des débris variés, écailles, etc., trouvés à Goincourt, Margny-lès-Compiègne et Paillart (Oise), indiquent un Béricydé du genre *Hoplopteryx* peut-être différent d'*Hoplopteryx lewesiensis*.

Fig. 24. — *Onchosaurus radicalis* P. Gervais. Dent, grandeur naturelle. Sénonien inférieur de Chemillé (Indre-et-Loire) [coll. Le Mesle, Paléontologie, Muséum].

Onchosaurus radicalis P. Gervais. — Il faut noter aussi une curieuse dent (fig. 24) provenant du Sénonien inférieur de Chemillé (Indre-et-Loire) [collection Le Mesle, Muséum]. L'analogue de cette dent a été découverte à Meudon dans la craie à *Belemnitella mucronata* et P. Gervais l'avait décrite sous le nom d'*Onchosaurus radicalis*. Il la regardait comme une dent de Reptile (1).

La dent est grande : sa longueur totale est d'environ 7 centimètres. Elle est fortement comprimée, avec une base haute plissée longitudinalement et s'épaississant vers le bas. La couronne, couverte d'émail, a la forme d'une pointe de flèche (1).

M. C. R. Eastman (2) considère les dents du Sénonien de Gizeh, en Égypte, décrites par Dames (3) sous le nom de *Titanichthys*, puis de *Gigantichthys pharao*, comme appartenant au même genre, et le nom d'*Onchosaurus* doit avoir la priorité. M. C. R. Eastman pense aussi que les dents décrites par

(1) P. Gervais, Zoologie et Paléontologie françaises, 1re édit., 1852. Expl. Rept. foss., p. 262, pl. LIX, fig. 26.

(2) C. R. Eastman, On the dentition of Rhynchodus and other fossil Fishes. Onchosaurus Gervais (*Amer. Natur.*, vol. XXXVIII, 1904, p. 298-299).

(3) W. Dames, *Titanichthys pharao* ng. nsp. aus der Kreideformation Aegyptens (*Sitzungsb. Gesellsnaturf. Freunde*, Berlin, 1887. Séance du 17 mai, p. 69-72, fig. 1-2-2*a*. Séance du 19 juin, p. 137).

Leidy (1) sous le nom d'*Ischirhiza antiqua* (fig. 25) et provenant du Crétacé de l'Amérique du Nord, sont génériquement et probablement spécifiquement identiques au type de Gervais. On doit regarder l'*Onchosaurus* comme un précurseur des Ésocidés (Brochets).

Résumé. — Le Sénonien inférieur renferme, comme on le voit, un assez grand nombre d'espèces d'Élasmobranches et de Téléostomes qui ont déjà paru aux niveaux inférieurs du Crétacé et qui persisteront pour la plupart jusqu'à la fin de cette période. On doit noter l'apparition de *Corax pristodontus* Ag. (var. *Kaupi*) et de *Pseudocorax affinis* Ag. sp., celle également de *Ptychodus latissimus* Ag., la présence de *Ptychodus rugosus* Dixon, qui ne paraît pas dépasser la craie à Micrasters, et la présence aussi des Cestraciontes du genre *Synechodus*.

Fig. 25. — *Ischirhiza antiqua* Leidy. Dent voisine de celle d'*Onchosaurus radicalis* et figurée pour la comparaison, grandeur naturelle. Crétacé supérieur de l'Amérique du Nord [coll. Paléontologie, Muséum].

Comme Téléostomes nouveaux, il y a : l'*Ancistrodon* sp. et l'*Onchosaurus radicalis* P. Gervais. Le premier de ces types se continuera jusque dans le Tertiaire inférieur et le second disparaîtra avec la fin du Crétacé supérieur.

Faune ichthyologique de la craie à Actinocamax quadratus. — Dans la craie à *Actinocamax quadratus*, outre les espèces communes aux diverses assises du Sénonien il y a quelques espèces à signaler.

Telles sont à Hardivillers (Oise) :

Ptychodus mammillaris Ag.

et

Notidanus microdon Ag.

qui se trouvent dans les couches inférieures du Sénonien, mais qui s'arrêteront à ce niveau.

A Michery (Yonne) se trouvent des dents portant à leur sommet une barbelure en demi-fer de lance (coll. J. Lambert). Ces dents se trouvent aussi dans le Sénonien de Meudon à *Belemnitella mucronata* où elles ont été appelées par Hébert *Anenchelum marginatum* Reuss sp. Elles sont maintenant rapportées à un genre de Poissons carnassiers de la famille des Enchodontidés, le genre *Cimolichthys*, sous le nom de *C. marginatus* Reuss. sp. Dans la collection Ch. Janet, j'ai trouvé une dent semblable provenant de la craie à *Actinocamax quadratus* de Villeret (Aisne).

On trouve dans le Turonien de Saxe, dans la craie à *Actinocamax quadratus* de Soucy (Yonne) [coll. J. Lambert] et à Meudon, des dents comprimées, à base elliptique, tranchantes en avant, légèrement crochues au sommet. Il y a des stries plus ou moins visibles. Ces dents ont été nommées par Hébert *Saurocephalus dispar*.

(1) J. Leidy, *Proc. Acad. nat. Sc. Philad.*, vol. VII, 1856, p. 256, et *in* F. S. Holmes, Postpliocene fossils of South Carolina, 1860, p. 120, pl. XXV, fig. 3-8.

Pour M. A. S. Woodward, elles sont génériquement indéterminables. Pour M. Leriche, il s'agirait peut-être de dents de Mosasauriens (1).

Faune ichthyologique de la craie à Belemnitella mucronata. — Nous allons considérer maintenant la faune ichthyologique de la craie à *Belemnitella mucronata*. Nous y joindrons celle de la craie à Bélemnitelles de l'Oise et de la Champagne où l'on trouve ensemble l'*Actinocamax quadratus* et la *Belemnitella mucronata*.

Il y a là les espèces communes à toutes les assises du Sénonien et signalées plus haut. Les Poissons broyeurs du genre *Ptychodus* ont disparu complètement.

1° ***Élasmobranches.*** — On doit noter la présence de Cestraciontes du genre *Synechodus*. J'ai décrit une dent de cette sorte provenant de la craie des Moulineaux, près Meudon (2).

La collection Bourdot renferme une autre dent d'Hybodonte provenant de la craie de Meudon. C'est une dent large à la base (pl. I, fig. 20), basse, recourbée vers le dedans, montrant quelques plis à la base de la face externe. La largeur à la base est de 13 millimètres, la hauteur de 10 millimètres. Il n'y a pas de denticules latéraux. C'est une dent d'Hybodonte, peut-être du genre *Synechodus*, mais beaucoup plus grande que la précédente.

A Reims, la craie à Bélemnitelles a fourni des dents de *Cestracion polydictyos* Reuss sp. (3), espèce qu'on trouve déjà dans le Cénomanien et le Turonien.

La craie à Bélemnitelles de Notre-Dame-du-Thil (Oise) renferme des vertèbres qui ont été désignées par Graves comme *Spinax major* Ag.; il s'agit probablement de vertèbres appartenant au genre *Synechodus* ou au genre *Cestracion*.

Dans la craie de Meudon, les dents appartenant à *Corax pristodontus* Ag. rappellent celles de la variété *Kaupi*; cependant il y en a qui sont plus grandes que celles de cette variété des assises inférieures du Sénonien; elles ressemblent au *Corax pristodontus* typique de Maëstricht. En outre, il y a une variété caractérisée par un pli très accusé sur la face externe. Je l'ai appelée *Corax pristodontus* (var. *plicatus*) (4).

Si nous considérons maintenant les Lamnidés, à côté des espèces répandues dans tout le Sénonien, il faut noter la présence dans la craie à Bélemnitelles de Notre-Dame-du-Thil (Oise) de l'*Oxyrhina acuminata* Ag. sp. déjà signalée dans les couches moins élevées. La craie à Bélemnitelles de Reims renferme peut-être l'*Oxyrhina angustidens* Reuss (5), signalée également dès l'époque cénomanienne. La craie à *Belemnitella mucronata* de Sézanne (Marne) contient la *Lamna arcuata* A. S. Woodward, espèce cantonnée dans les niveaux les plus élevés du Crétacé (6).

Il y a en outre dans la craie de Meudon des vertèbres de Squales.

(1) A. S. Woodward, Catalogue, part IV, p. 115. — M. Leriche, Contribution, etc., p. 95.
(2) F. Priem, *Bull. Soc. géol. France*, 3e sér., t. XXV, 1897, p. 47-48, pl. I, fig. 27-30.
(3) A. Peron, *Loc. cit.*, p. 79.
(4) F. Priem, *Bull. Soc. géol. France*, 3e sér., t. XXVI, 1898, p. 237-238, pl. II, fig. 5.
(5) Citée par M. A. Peron sous le nom d'*Oxyrhina* sp. (*O. heteromorpha*? Reuss).
(6) F. Priem, *Bull. Soc. géol. France*, 3e sér., t. XXV, 1897, p. 42, pl. I, fig. 11.

2° ***Holocéphales.*** — Des piquants de nageoires trouvés à Meudon (1) pourraient appartenir à des Chiméroïdes ; de même ceux de la craie à Bélemnitelles de Notre-Dame-du-Thil et signalés par Graves comme des piquants d'*Hybodus*.

Un fossile énigmatique de la craie de Meudon a été désigné par Hébert (2) sous le nom d'*Aptychus crassus*. M. Leriche y voit des dents mandibulaires d'un Chiméroïde du genre *Elasmodus*, qui devrait être appelé *E. crassus* Hébert sp.

Fig. 26. — *Ancistrodon splendens* de Koninck sp. Dent de grandeur naturelle. Sénonien, craie à *Belemnitella mucronata*, Meudon (Seine-et-Oise) [coll. Paléontologie, Muséum, moulage d'une pièce qui se trouve à la Sorbonne].

3° ***Téléostomes.*** — La craie de Meudon renferme des Pycnodontes : *Cœlodus parallelus* Dixon sp. et *Anomœodus angustus* Ag. sp. (= *Pycnodus cretaceus* Hébert).

La craie de Meudon aussi a fourni des dents désignées sous le nom d'*Ancistrodon* par Debey et d'*Ankistrodus* par de Koninck.

C'est le premier nom qui doit être employé, comme l'a démontré Dames. Nous avons vu plus haut que les dents d'*Ancistrodon* sont probablement des dents préhensiles de Pycnodontes. L'espèce de Meudon est appelée *Ancistrodon splendens* de Koninck sp. (3) (fig. 26).

Les Pachycormidés sont représentés dans la craie à Bélemnitelles de Notre-Dame-du-Thil (Oise) par des dents de *Protosphyræna ferox* Leidy. Une dent de la même espèce provient du Sénonien de Savignies (Oise).

Un Poisson à long museau : *Belonostomus cinctus* Ag., de la famille des Aspidorhynchidés, a laissé un fragment de mâchoire dans la craie à *Belemnitella mucronata* des environs de Vertus (Marne) [coll. Collet, de Sainte-Menehould]. L'espèce se trouve dans la craie à Micrasters du nord de la France et le Sénonien de Lewes en Angleterre.

Des pièces mal conservées, trouvées dans la craie de Meudon et dans la craie à Bélemnitelles de Notre-Dame-du-Thil et de Pouilly (Oise) ont été désignées sous le nom d'*Hypsodon lewesiensis* Ag. Elles paraissent avoir appartenu à des Poissons carnassiers à fortes dents du genre *Portheus*.

D'autres Poissons carnassiers ont été trouvés dans la craie de Meudon. Outre l'*Enchodus lewesiensis*, commun dans toutes les assises du Sénonien, il y a le *Cimolichthys marginatus* Reuss sp. déjà signalé dans la craie à *Actinocamax quadratus*. On trouve également les dents barbelées de cette espèce, d'après M. Leriche, dans la craie à *Belemnitella mucronata* de Chavot, Cramant, Mancy (Marne).

(1) E. Hébert, Tableau des fossiles de la craie de Meudon et description de quelques espèces nouvelles (*Mém. Soc. géol. France*, 2e sér., vol. V, 1855, p. 356, pl. XXVII, fig. 11-12).

(2) E. Hébert, *Ibid.*, p. 368, pl. XXVIII, fig. 8*a*-8*b*. — M. Leriche, Contribution, p. 90-91.

(3) L. G. de Koninck, Notice sur un nouveau genre de Poissons fossiles de la craie supérieure (*Bull. Ac. Roy. Belgique*, 1870, p. 75-79, 3 fig.) Voir aussi P. Gervais, *Journal de Zoologie*, t. 1, 1872, p. 394-396, 1 fig.

On trouve aussi dans la craie de Meudon des dents de *Saurocephalus dispar* Reuss sp. et d'*Onchosaurus radicalis* P. Gervais dont nous avons parlé plus haut.

Enfin cette craie contient des débris de Bérycidés qu'il faut rapporter à l'*Hoplopteryx lewesiensis* qu'on trouve dans les divers niveaux du Sénonien. De plus, certains débris pourraient appartenir à une autre espèce d'*Hoplopteryx* ; telles sont des écailles pourvues de longues pectinations faisant partie de la collection Bourdot et accompagnées d'un opercule et d'un préopercule (pl. I, fig. 14-18).

Hébert (1) a donné le nom de *Beryx Valenciennesi* à un Poisson très incomplet qui pourrait être aussi un *Hoplopteryx*.

Un rayon de nageoire trouvé dans la craie à *Belemnitella mucronata* de Chavot (Marne) pourrait avoir appartenu, d'après M. Leriche, à un Bérycidé ou à un Stromatéidé.

Résumé. — La craie à *Belemnitella mucronata* et la craie à Bélemnitelles renferment en général les mêmes types que les autres niveaux du Sénonien, types qui, pour la plupart, se montrent dans le Cénomanien ou le Turonien.

On doit noter la disparition des *Ptychodus* et le développement de quelques formes nouvelles comme la *Lamna arcuata* A. S. Woodward, l'*Elasmodus crassus* Hébert sp. et l'*Ancistrodon splendens* de Koninck.

Comparaison des Poissons sénoniens avec ceux des régions voisines. — Dans le nord de la France, le Sénonien présente à peu près les mêmes caractères ichthyologiques que dans le bassin parisien. Les espèces qui se trouvaient dans toutes les assises du Sénonien : craie à Micrasters, craie à *Actinocamax quadratus*, craie à Bélemnitelles, craie à *Belemnitella mucronata*, se trouvent également dans les mêmes niveaux du nord de la France.

La craie à Micrasters du nord contient les mêmes espèces de *Ptychodus* que celle du bassin de Paris. Elle contient les mêmes espèces de Squales, avec cette différence qu'elle ne renferme pas *Otodus spathula* Sauvage, ni le genre *Synechodus*, mais en revanche *Scapanorhynchus gigas* A. S. Woodward et *Oxyrhina acuminata* Ag. sp. Il n'y a pas de Pycnodontes ni le genre *Ancistrodon*, ni l'*Onchosaurus radicalis* P. Gervais.

On doit noter la présence dans la craie à Micrasters de Lezennes (Nord) de *Cladocyclus lewesiensis* Ag. sp., *Belonostomus cinctus* Ag., *Berycopsis elegans* Dixon, espèces du Crétacé supérieur d'Angleterre.

Le Sénonien inférieur de Lonzée en Belgique contient aussi des éléments du Crétacé supérieur d'Angleterre, tels que des Holocéphales : *Edaphodon Mantelli* Buckland, et divers Téléostomes : *Enchodus lewesiensis* Ag., *Portheus Mantelli* Newton, *Belonostomus cinctus* Ag. Comme éléments spéciaux, il y a des Ichthyodorulithes et un Pycnodonte, *Athrodon tenuis* A. S. Woodward, avec *Anomœodus* sp.

La craie à *Actinocamax quadratus* de la Picardie et de l'Artois, où l'on exploite le

(1) E. Hébert, *Loc. cit.*, p. 349, pl. XXVII, fig. 2.

phosphate de chaux, est riche en débris de Poissons et, avec les espèces signalées dans le bassin de Paris, il y en a d'autres. Ainsi le genre *Ptychodus* est représenté non seulement par *P. mammillaris*, mais par *P. latissimus* et par une autre espèce ayant des rapports avec *P. latissimus* et *P. polygyrus* (1).

On trouve les Squales déjà mentionnés plus haut, avec, en outre, les espèces appelées par M. Leriche *Lamna serrata* Ag. et *L. venusta* n. sp. ; avec *L. arcuata* A. S. Woodward qui ne paraît dans le bassin parisien que plus haut et avec *Oxyrhina acuminata* Ag. sp. *Notidanus microdon* Ag., qui se trouve dans la craie à phosphate d'Hardivillers (Oise), ne se montre pas dans celle du Nord.

Les Téléostomes de la craie phosphatée du nord de la France sont peu nombreux : *Cœlodus parallelus* Dixon sp. (2), *Protosphyræna ferox* Leidy (3), *Cimolichthys marginatus* Reuss sp. et *Portheus* sp. Dans le bassin parisien on trouve la première espèce dans la craie à *Belemnitella mucronata*, la seconde dans la craie à Micrasters et dans la craie à Bélemnitelles, et il y a des dents de *Portheus* dans la craie à Micrasters ; le *Cimolichthys marginatus* se montre à Hardivillers (Oise).

En résumé, la craie à *Actinocamax quadratus* du nord de la France a une faune ichthyologique analogue à celle de l'Oise, composée surtout de Squales, mais elle est plus riche.

La craie à Bélemnitelles est représentée en Belgique par celle de Spiennes où se trouvent, avec le *Pseudocorax affinis* Ag. sp., de grands Poissons carnassiers : *Protosphyræna ferox* Leidy, très répandu dans le Crétacé d'Europe, *Saurodon intermedius* Newton (famille des Chirocentridés) du Turonien d'Angleterre, et deux espèces du Crétacé supérieur d'Amérique : *Pachyrhizodus caninus* Cope (famille des Élopidés) et *Cimolichthys* (*Empo*) *nepæolica* Cope sp. (famille des Enchodontidés).

En Belgique, le Sénonien se termine par un niveau plus élevé que la craie à *Belemnitella mucronata* du bassin parisien. C'est celui de la craie phosphatée de Ciply avec une très riche faune ichthyologique.

On y trouve les espèces habituelles d'Élasmobranches du Sénonien et, en outre, *Lamna crassa* Ag. sp. et des espèces de Squales du genre *Odontaspis* encore actuel : *Odontaspis Bronni* Ag., *Od. Houzeaui* A. S. Woodward.

Le genre *Ptychodus*, qui n'est pas représenté dans la craie à *Belemnitella mucronata*

(1) C'est à des dents de cette sorte trouvées à Vaux-Éclusier (Somme) et à Bellicourt (Aisne) que j'ai donné le nom de *P. latissimus* en faisant remarquer que certaines de ces dents avaient des rapports avec *P. polygyrus* [F. Priem, Sur les Poissons de la craie phosphatée des environs de Péronne (*Bull. Soc. géol. France*, 3e sér., t. XXIV, 1896, p. 9-12, pl. I, fig. 1-4)]. Ces mêmes dents ont été ensuite appelées par G. Bonarelli [I fossili senoniani dell'Appennino centrale che si conservano a Perugia nella collezione Bellucci (*Atti della R. Acc. delle scienze di Torino*, t. XXXIV, 1899, p. 1023, pl. X, fig. 7)], *P. Belluccii* n. sp. Elles ont été appelées *P. polygyroides* n. sp. par J. Sinzow (Notizen über die Jura-Kreide und Neogen Ablagerungen der gouvernements Saratow, Simbirk, Samara und Orenburg. Odessa, 1899, p. 74, pl. IV, fig. 6). Enfin M. Leriche (Revision, 1902, p. 99) les a appelées *P. polygyrus* var. *marginalis* Ag.

(2) F. Priem, Sur des dents de Poissons du Crétacé supérieur de France (*Bull. Soc. géol. France*, 3e sér., t. XXIV, 1896, p. 292, pl. IX, fig. 23-25).

(3) Id., *Bull. Soc. géol. France*, même tome, p. 17-19, pl. II, fig. 15-19.

du bassin parisien, s'y éteint; on y voit encore *P. polygyrus* (1) et *P. decurrens* (2).

Il y a dans la craie de Ciply des Holocéphales des genres *Elasmodus* (*E. Greenoughi* et *Edaphodon* (*E. Ubaghii* Storms), des Ichthyodorulithes. On y voit l'*Anomœodus subclavatus* Ag. sp. du Sénonien de France, *Protosphyræna ferox* Leidy, et l'*Enchodus lewesiensis* Mantell sp. est accompagné de trois autres espèces de même genre : *E. Faujasi* Ag., *E. Lemonnieri* Dollo, espèces qu'on retrouve à Maëstricht, et *E. gracilis* von der Marck sp. du Sénonien de Westphalie.

La craie de Ciply est surmontée par des couches dont on fait souvent un étage séparé : l'*étage maëstrichtien*. Il est représenté en Belgique par le tuffeau de Saint-Symphorien et de Folx-les-Caves, en Hollande par le tuffeau de Maëstricht.

La faune ichthyologique du Maëstrichtien est à peu près la même que celle de Ciply avec quelques éléments nouveaux tels qu'un Batoïde allié des Myliobatidés (*Rhombodus Binkhorsti* Dames), des Carchariidés (*Acanthias Muensteri* Daimeries), des Roussettes des genres *Scyllium* (*S. Colineti* Daimeries) et du genre *Ginglymostoma* (*G. minutum* Forir), des espèces locales d'*Anomœodus* comme *A. Fraiponti* Forir. On rencontre également le genre *Ancistrodon* (*A. mosensis* Dames). On retrouve des espèces d'*Enchodus* déjà signalées : *E. lewesiensis*, *E. Faujasi*, *E. gracilis*, et en outre *E. Corneti* Forir, *E. petrosus* ? Cope. Au *Cimolichthys nepæolica* Cope s'adjoint le *C. Merrilli* Cope.

Les Poissons carnassiers de la famille des Chirocentridés sont représentés par le *Saurodon intermedius* Newton sp. et le *Saurocephalus Woodwardi* Davies. Il paraît y avoir aussi des Poissons de la famille des Dercétidés (genres *Leptotrachelus* et *Pelargorhynchus*). Enfin la famille des Bérycidés y comprend non seulement l'*Hoplopteryx lewesiensis*, commun dans le Crétacé, mais aussi l'*H. superbus* Dixon sp. de la craie d'Angleterre.

Le Maëstrichtien n'est représenté dans le bassin parisien que par le calcaire à Baculites de Cotentin où l'on n'a recueilli jusqu'ici que très peu de restes de Poissons : *Oxyrhina acuminata* Ag. sp. (les fosses de la Bonneville, Manche), *O. Mantelli* Ag. (Néhou, Manche); *Corax pristodontus* Ag. (Néhou), espèces communes dans le Sénonien.

Le Sénonien d'Angleterre présente comme faune ichthyologique à peu près les mêmes éléments au point de vue des Élasmobranches que le Sénonien du bassin de Paris et du nord de la France. On y voit les mêmes espèces de *Ptychodus*, et en outre *P. Oweni* Dixon, les mêmes espèces de Lamnidés auxquelles on peut ajouter *Oxyrhina crassidens* Dixon et *Lamna serra* A. S. Woodward ; les mêmes espèces de Notidanidés. Les Cestraciontes paraissent plus nombreux, bien qu'encore peu connus (exemples : *Synechodus Illingworthi* Dixon sp., *Cestracion rugosus* Ag. sp., *C. canaliculatus* Egerton sp., *Gomphodus* sp.). Il y a des Holocéphales du genre *Edaphodon* (*E. Sedgwickii* Ag. sp., *E. Mantelli* Buckland sp.).

(1) A. Smith Woodward, Catalogue, part I, p. 146.
(2) M. Leriche, Contribution, p. 103.

Les Téléostomes sont nombreux surtout dans la craie de Lewes (Turonien supérieur et Sénonien inférieur). On retrouve le *Macropoma Mantelli*. Il y a des Polyodontidés (genre *Pholidurus*). Les Pycnodontes appartiennent à des espèces qu'on trouve dans le bassin parisien : *Anomœodus angustus* Ag. sp., *Cœlodus parallelus* Dixon et *Pycnodus scrobiculatus* Reuss, et à des types peu connus encore (*Gyrodus ? cretaceus* Ag., *Acrotemnus faba* Ag., *Phacodus punctatus* Dixon). Il y a des *Ancistrodon*.

On trouve dans le Sénonien d'Angleterre des Eugnathidés (g. *Lophiostomus*), des Pachycormidés (*Protosphyræna ferox* Leidy, *P. compressirostris* A. Smith Woodward), des Aspidorhynchidés (*Belonostomus cinctus* Ag., *B. attenuatus* Dixon), des Élopidés (*Osmeroides lewesiensis* Mantell sp.), des Ostéoglossidés (g. *Plethodus*, *Thryptodus*), des Chirocentridés (*Portheus* sp., *Ichthyodectes* sp.), des Dercétidés (g. *Dercetis*, *Leptotrachelus*), des Enchodontidés (*Enchodus lewesiensis* Mantell sp. et les genres *Halec*, *Cimolichthys*, *Prionolepis*), des Scopélidés (g. *Acrognathus*), des Bérycidés (*Hoplopteryx lewesiensis* Mantell sp., *H. superbus* Dixon, *Homonotus dorsalis* Dixon), des Stromatéidés (g. *Berycopsis*), enfin des Carangidés (*Aipichthys nuchalis* Dixon sp.).

On voit dans le Sénonien d'Angleterre un certain nombre d'espèces de Téléostomes qu'on trouve également dans le Sénonien parisien : *Cœlodus parallelus*, *Pycnodus scrobiculatus*, *Protosphyræna ferox*, *Belonostomus cinctus*, *Osmeroides lewesiensis*, *Enchodus lewesiensis*, *Hoplopteryx lewesiensis*, c'est-à-dire des espèces qui, pour la plupart, se montrent dans tout le Crétacé, mais la faune anglaise est certainement plus variée, ce qui s'explique, comme pour les autres périodes, par les communications plus faciles des eaux qui couvraient l'Angleterre avec la mer largement ouverte, tandis que le bassin parisien formait un golfe enfoncé dans les terres.

Le Sénonien d'Allemagne, étudié surtout en Westphalie, a moins de rapports avec celui du bassin parisien. On ne trouve comme espèces communes que : *Ptychodus mammillaris*, *P. latissimus*, *Notidanus microdon*, *Corax pristodontus*, *Pseudocorax affinis*, *Osmeroides lewesiensis*. Le Sénonien de Westphalie contient en outre des espèces particulières d'Élasmobranches : *Squatina baumbergensis* von der Marck, *Rhinobatus tesselatus* von der Marck, *Scyllium angustum* Ag. sp., *Palæoscyllium Decheni* von der Marck, *Carcharias* (*Prionodon*) *acutus* Ag., *Galeocerdo gibberulus* Ag.) et surtout de très nombreux Téléostomes. Ils appartiennent aux familles des Élopidés (genres *Osmeroides*, *Spaniodon*, *Thrissopteroides*), Albulidés (g. *Istieus*), Clupéidés (g. *Histiothrissa*), Alépocéphalidés ? (*Esox monasteriensis* von der Marck), Halosauridés (g. *Echidnocephalus*. *Enchelurus*), Dercétidés (g. *Leptotrachelus*, *Dercetis*, *Pelargorhynchus*). Enchodontidés (g. *Enchodus*, *Palæolycus*, *Halec*), Scopélidés (g. *Sardinioides*, *Dermatoptychus*, *Leptosomus*, *Sardinius*, *Dactylopogon*, *Microcœlia*, *Rhinellus*, *Tachinectes*), Gonorhynchidés (g. *Charitosomus*), Chirothricidés (g. *Chirothrix*, *Telepholis*), Bérycidés (g. *Sphenocephalus*, *Acrogaster*, *Hoplopteryx*), Stromatéidés (g. *Omosoma*, *Platycormus*). Il y a là toute une faune très riche qui, suivant M. von der Marck, aurait surtout des rapports avec celle de la craie du Liban, sinon pour les espèces, au moins pour les genres.

4e Époque montienne.

Dans le bassin parisien, les temps crétacés se terminent par la période dite montienne. Au-dessus des couches sénoniennes, il y a un calcaire concrétionné avec des Algues calcaires (*Lithothamnium*), appelé improprement calcaire pisolithique. Ce calcaire est placé aujourd'hui à la partie inférieure de l'étage montien, ainsi appelé du calcaire de Mons qui forme sa partie supérieure. Cet étage, plus récent que le Danien (calcaires de Faxö et de Saltholm), termine le Crétacé, et sa faune de Mollusques a quelques rapports avec celle du Tertiaire inférieur.

Les couches montiennes inférieures existent au Mont-Aimé et à Vertus (Marne) et aussi à Laversine, près Beauvais (Oise). On y a trouvé d'assez nombreux débris de Poissons (1).

Élasmobranches. — Les Élasmobranches sont représentés par des Squales.

A Vertus, Hébert (2) avait signalé le *Corax pristodontus* Ag. J'ai trouvé dans la coll. J. Lambert une dent de cette espèce provenant de la même localité. On trouve également au Mont-Aimé le *Pseudocorax affinis* Ag. sp. (3).

Le genre *Scapanorhynchus* est représenté à Vertus et au Mont-Aimé par *S. subulatus* Ag. sp. On recueille aussi au Mont-Aimé des dents incomplètes que j'ai rapportées avec doute au genre *Oxyrhina*, et des dents analogues se trouvent dans le calcaire pisolithique de Meudon (coll. de Géologie du Muséum), lequel se place à la partie supérieure du Montien.

Graves (4) a cité à Laversine (Oise) *Oxyrhina Mantelli* Ag.

Le genre *Lamna* est également représenté. Hébert (5) avait cité à Vertus la *Lamna appendiculata*. Dans la collection de Paléontologie, il y a quelques dents incomplètes (coll. Michelin) provenant du Mont-Aimé et qui peut-être appartiennent à cette espèce.

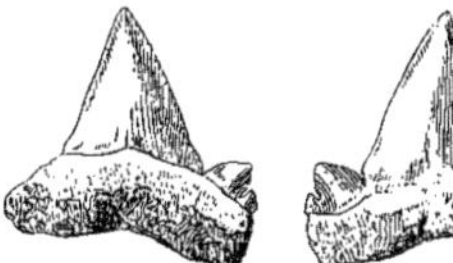

Fig. 27-28. — *Lamna appendiculata* Ag. sp. (var. *lata* Ag. sp.). Dent vue grandeur naturelle; à gauche, face interne; à droite, face externe. Montien inférieur, Vertus (Marne) (coll. J. Lambert).

J'ai vu dans la collection J. Lambert une dent ici figurée (fig. 27-28) provenant de Vertus. C'est une dent de *Lamna* avec une racine large et haute à branches très

(1) F. Priem, Sur des Pycnodontes et des Squales du Crétacé supérieur du bassin de Paris (Turonien, Sénonien, Montien inférieur) [*Bull. Soc. géol. France*, 3e sér., t. XXVI, 1898, p. 229-243, pl. II]. — Sur la faune ichthyologique des assises montiennes du bassin de Paris et en particulier sur *Pseudolates Heberti* Gervais sp. [*Ibid.*, p. 399-412, pl. X et XI]. — Rectification relative à *Pseudolates Heberti* Gervais sp. [nom préoccupé changé en celui de *Prolates Heberti*] (*Ibid.*, 3e sér., t. XXVII, 1899, p. 252).

(2) E. Hébert, Tableau des fossiles de la craie de Meudon (déjà cité), p. 35.

(3) M. A. S. Woodward cite au Mont-Aimé le *Corax falcatus* (Cat., part I, p. 426). Il s'agit probablement du *Pseudocorax affinis*.

(4) L. Graves, *Loc. cit.*, p. 588.

(5) E. Hébert, *Loc. cit.*, p. 355.

divergentes ; elle est bien plus large que le cône n'est haut. Il y a un fort denticule latéral se dédoublant pour donner un petit denticule accessoire. Cette dent a de grands rapports, malgré le petit denticule accessoire, avec la dent de Maëstricht appelée par Agassiz *Otodus latus*. Cette espèce, d'ailleurs, ne semble être qu'une variété de *Lamna appendiculata* ; j'appellerai la dent trouvée à Vertus *Lamna appendiculata* (var. *lata*).

M. A. Smith Woodward (1) a donné le nom de *Lamna serra* à des dents du Mont-Aimé, avec une couronne comprimée, élevée et lisse, munie d'une paire de larges denticules latéraux et d'une ou deux paires externes plus petites. La racine est courte, le trou nutritif est situé dans un sillon de la face interne de la racine. Une dent de cette sorte (coll. J. Lambert) est ici figurée (fig. 29-30).

Fig. 29-30. — *Lamna serra* A. S. Woodward. Dent grandeur naturelle. A gauche, face interne ; à droite, face externe. Montien inférieur, Vertus (Marne) [coll. J. Lambert].

M. Leriche (2) attribue à *Lamna* cf. *verticalis* Ag., espèce éocène, une dent trouvée au Mont-Aimé. Il attribue à *Odontaspis elegans* Ag. sp. (qu'il regarde comme synonyme de *Lamna macrota* Ag. sp.) des dents provenant aussi du Mont-Aimé ; elles pourraient appartenir à *Scapanorhynchus rhaphiodon* Ag. sp.

Enfin la collection J. Lambert contient un débris d'Ichthyodorulithe du Mont-Aimé.

Téléostomes. — PYCNODONTES. — Les Pycnodontes sont assez nombreux dans le Montien. J'ai attribué à l'*Anomœodus subclavatus* Ag. sp. du Sénonien supérieur des fragments plus ou moins complets de dentition provenant de Vertus, Les Faloises près Vertus, Mont-Aimé (Marne) et Vigny (Oise).

J'ai attribué d'autres fragments de « Les Faloises » près Vertus à *Cœlodus* sp. et M. Leriche a donné le nom de *Cœlodus Priemi* à un splénial droit trouvé au Mont-Aimé.

CŒLODUS LAURENTII n. sp. (pl. II, fig. 4). — M. Laurent, conservateur du Musée de Châlons-sur-Marne, a bien voulu me confier les Poissons du Mont-Aimé possédés par le Musée. J'y ai trouvé une dentition vomérienne de Pycnodonte avec cinq rangées de dents. La rangée médiane porte cinq dents très nettes allant en crois-

(1) A. SMITH WOODWARD. *Proc. Geol. Assoc.*, t. XIII, 1894, p. 198, pl. VI, fig. 11-12.

M. LERICHE regarde la *Lamna serra* de M. A. S. WOODWARD comme synonyme de *Lamna serrata* Ag. sp. qui, d'après lui, se trouverait dans divers niveaux du Crétacé supérieur à partir du Cénomanien (Revision, p. 113-114, pl. III, fig. 39-46). Parmi les dents qu'il figure il n'y en a pas qui soient identiques aux deux dents de Maëstricht appelées par AGASSIZ *Otodus serratus* (Rech. Poiss. foss., t. III, p. 272-273, pl. XXXII, fig. 27-28). Dans celles-ci, les denticules latéraux, moins élevés et au nombre de deux en avant, de trois en arrière, constituent plutôt une crête anguleuse que de vrais denticules séparés les uns des autres. Je crois que les dents appelées par M. LERICHE *Lamna serrata* sont voisines de *L. serra* A. S. Woodward, mais ne sont pas l'espèce d'AGASSIZ. Les dents appelées par AGASSIZ *Otodus serratus* sont peut-être, d'après M. A. S. WOODWARD (Catalogue, part. I, p. 360) des dents postéro-latérales supérieures d'*Odontaspis Bronni*.

(2) M. LERICHE, Sur quelques éléments nouveaux pour la faune ichthyologique du Montien inférieur du bassin de Paris (*Ann. Soc. géol. Nord*, t. XXX, 1901, p. 153-161, pl. V, fig. 1-16). — Rectification de nomenclature (*Rev. crit. de Paléozoologie*, t. VII, 1903, p. 129). — Contribution, etc., 1906, p. 133-140.

sant vers l'arrière ; elles sont elliptiques avec le bord postérieur droit et le bord antérieur bombé. En avant il y a la trace d'une petite dent disparue, et encore plus en avant une petite dent ronde. Les deux rangées moyennes sont formées chacune de six dents allant en croissant vers l'arrière. Elles sont grossièrement arrondies et placées dans les intervalles des dents médianes.

Les rangées extrêmes comprennent : la rangée à droite sur la plaque, quatre dents ; celle à gauche, six. Elles sont allongées et disposées suivant la longueur ; elles sont placées dans les intervalles des dents des rangées moyennes.

Ces dents sont lisses ; on voit sur les trois dents postérieures de la rangée médiane une dépression centrale triangulaire et aussi une dépression assez peu nette sur les dents des rangées moyennes.

Ces dimensions sont les suivantes :

Dents médianes : la dernière....	Largeur	4 mm.	Longueur	$2^{mm},5$
— l'avant-dernière.		$3^{mm},5$	—	2mm.
Dents moyennes.............	—	3 mm.	—	3mm.
Dents latérales................	—	$1^{mm},5$	—	$3^{mm},5$

Les dents médianes sont à peu près deux fois aussi larges que longues.

Cette dentition indique le genre *Cœlodus* : la forme des dents est différente de celle des dentitions de *Cœlodus* déjà connues dans le Montien. Il semble donc que la dentition vomérienne étudiée ici appartienne à une espèce nouvelle que j'appellerai *Cœlodus Laurentii*.

Palæobalistum Ponsorti Heckel. — On a trouvé au Mont-Aimé des Pycnodontes entiers que l'ichthyologiste autrichien Heckel (1) a attribués au genre *Palæobalistum* et dédiés au baron Ponsort qui avait activement exploré le Mont-Aimé.

Le genre *Palæobalistum* a été fondé par H. D. de Blainville pour un Poisson fossile de l'Éocène du Monte Bolca, *P. orbiculatum* Blainville. Dans ce genre, où l'ossification de la colonne vertébrale est plus avancée que chez les autres Pycnodontes de l'ère secondaire, le tronc est large, discoïdal, le pédicule caudal est court et la nageoire caudale a la forme d'un éventail.

Ce genre se trouve seulement dans le Crétacé supérieur (*P. Gœdeli* Heckel, Crétacé du Liban ; *P. flabellatum* Cope sp., Crétacé du Brésil ; *P. Ponsorti*, Montien) et l'Éocène (*P. orbiculatum* Blainville, Monte Bolca).

On trouve aussi dans le Montien des dents isolées appartenant à des Pycnodontes indéterminés.

Prolates Heberti P. Gervais sp. — Un Poisson remarquable du Mont-Aimé, nommé par P. Gervais, figuré par M. Sauvage (2), a été attribué d'abord au genre actuel

(1) J. Heckel, Beiträge zur Kentniss der fossilen Fische Oesterreichs (*Denksch. K. Akad. d. Wiss. math. natur. Cl. Wien*, t. XI, 1856, p. 236-242, pl. XI, fig. 1-15).

(2) P. Gervais, Zoologie et Paléontologie françaises, 1re édit., 1848-52. Expl. Poiss. foss., p. 3 (2e édit., 1859, p. 523). — E. Sauvage, Sur le *Lates Heberti* Gerv. (*Bull. Soc. géol. France*, 3e sér., t. XI, 1883, p. 481-483, pl. XIII, fig. 2).

Lates qui habite le Nil, le Niger, le Sénégal et qu'on trouve aussi sur les côtes et dans les estuaires des Indes et du sud de la Chine. J'ai démontré qu'il s'agit d'un genre distinct, le genre *Prolates*, premier représentant des Poissons perciformes constituant la famille des Serranidés. Le genre *Lates* se développera dans le Tertiaire.

Résumé. — La faune ichthyologique du Montien du bassin parisien comprend donc surtout des espèces crétacées :

Corax pristodontus Ag.
Pseudocorax affinis Ag. sp.
Scapanorhynchus subulatus Ag. sp.
Oxyrhina Mantelli Ag.
— sp.
Lamna appendiculata Ag. sp.
— *appendiculata* (var. *lata*) Ag. sp.
Anomœodus subclavatus Ag. sp.

ou à affinités crétacées :

Lamna serra A. Smith Woodward.
Cœlodus Priemi Leriche.
— *Laurentii* (n. sp.) Priem.

Il y a aussi des éléments d'affinités secondaires ou tertiaires :

Lamna cf. *verticalis* Ag.
Odontaspis macrota Ag. sp. (*Od. elegans* Ag.) [d'après Leriche].
Prolates Heberti P. Gervais sp.

auxquels s'ajoute :

Palæobalistum Ponsorti Heckel,

appartenant à un genre surtout crétacé.

Cette faune ichthyologique du Montien est composée de Squales et de Poissons littoraux comme les Pycnodontes et probablement le genre *Prolates*, par analogie avec le genre *Lates* actuel.

Le tuffeau de Ciply, en Belgique, fait partie du Montien. M. Leriche (1) a signalé dans ce tuffeau *Scapanorhynchus subulatus* Ag. sp., *Odontaspis Brouni* Ag., *Lamna appendiculata* Ag. sp., espèces crétacées, et aussi *Odontaspis macrota* Ag. sp. (*Od. elegans*), espèce tertiaire. En outre, dans le calcaire de Mons le genre *Lepidosteus* est représenté par une écaille. Ce genre, aujourd'hui cantonné dans les fleuves de l'Amérique du Nord, est très répandu dans les premiers dépôts tertiaires d'Europe et d'Amérique.

(1) M. Leriche, Les Poissons paléocènes de la Belgique (*Mém. Mus. Royal d'Hist. nat. de Belgique*, t. II, 1902, p. 10-13).

Liste des Poissons fossiles du Crétacé proprement dit du bassin parisien.

NOMS DES ESPÈCES.	CÉNOMANIEN.	TURONIEN.	SÉNONIEN. Craie à *Micrasters*.	SÉNONIEN. Craie à *Actinocamax quadratus*.	SÉNONIEN. Craie à Bélemnitelles.	SÉNONIEN. Craie à *Belemnitella mucronata*.	MONTIEN.
Élasmobranches.							
Ptychodus decurrens Ag	+	+	+				
— *latissimus* Ag			+				
— *mammillaris* Ag	+	+	+	+			
— *multistriatus* A. S. Woodward	+						
— *polygyrus* Ag	+	+	+				
— aff. *polygyrus* Ag			+				
— *rugosus* Dixon	+	+	+				
Cestracion polydictyos Reuss sp.					+		
Synechodus sp			+			+	
Vertèbres de *Cestraciontes* (*Spinax major* Ag.)					+		
Notidanus microdon Ag		+	+	+			
Corax falcatus Ag	+	+	+	+			
— *pristodontus* Ag						+	+
— — (var. *Kaupi* Ag.)			+	+	+	+	
— — (var. *plicatus* Priem)						+	
Pseudocorax affinis Ag. sp						+	+
Scapanorhynchus macrorhizus Cope sp			+	+		+	
— *rhaphiodon* Ag. sp.	+	+	+	+	+	+	
— *subulatus* Ag. sp.	+	+	+	+	+	+	+
Odontaspis elegans Ag. sp. (= ? *Sc. rhaphiodon* Ag. sp.)							+
Lamna appendiculata Ag. sp	+	+	+	+	+	+	+
— — (var. *lata* Ag.)							+
— *arcuata* A. S. Woodward						+	
— *serra* A. S. Woodward							+
— cf. *verticalis* Ag							+
Otodus semiplicatus Ag. (= *O. sulcatus* (Geinitz)	+	+	+				
— *spathula* Sauvage		+	+				
Oxyrhina acuminata Ag. sp	+	+			+		
— *angustidens* Reuss			+		+ ?		
— *macrorhiza* Pictet et Campiche	+						
— *Mantelli* Ag	+	+	+		+	+	+
— *subinflata* Ag	+						
— sp							+
Holocéphales.							
Elasmodus crassus Hébert sp.						+	
Ichthyodorulithes			+		+	+	+
Téléostomes.							
Macropoma Mantelli Ag. (coprolithes)	+						
Cœlodus attenuatus Priem		+					
— *major* A. S. Woodward (= *Cosmodus Grandis* Sauvage).	+						
— *Laurentii* Priem (n. sp.)							+
— *parallelus* Dixon sp.						+	
— *Priemi* Leriche							+
— sp	+						+
Anomœodus angustus Ag. sp			+			+	
— ? *cenomanicus* Sauvage sp	+						
— *Muensteri* Ag. sp	+		+				
— *subclavatus* Ag. sp.			+				
— sp	+						
Palæobalistum Ponsorti Heckel.							+

NOMS DES ESPÈCES.	CÉNOMANIEN.	TURONIEN.	SÉNONIEN.				MONTIEN.
			Craie à *Micrasters*.	Craie à *Actinocamax quadratus*.	Craie à Bélemnitelles.	Craie à *Belemnitella mucronata*.	
* *Pycnodus aulercus* Sauvage		+					
* — *irregularis* Sauvage	+						
— aff. *scrobiculatus* Reuss			+				
* — *tritor* Sauvage			+				
Pycnodontes indéterminés						+	+
* *Ancistrodon splendens* de Koninck						+	
— sp.			+				
Protosphyræna ferox Leidy	+		+		+		
Belonostomus cinctus Ag.						+	
Osmeroides lewesiensis Mantell sp		+	+		+		
* Albulidé (*Pisodus Foucardi* Sauvage)	+						
Ichthyodectes sp.?		+					
Portheus sp			+				
* *Saurocephalus? dispar* Hébert				+		+	
Ctenothrissa radians Ag. sp			+				
Enchodus lewesiensis Mantell sp		+	+		+	+	
Cimolichthys marginatus Reuss. sp.				+		+	
— sp.			+				
* *Onchosaurus radicalis* P. Gervais			+			+	
Hoplopteryx lewesiensis Mantell sp.		+				+	
— sp. (*Beryx Valenciennesi* Hébert).						+	
— sp.			+			+	
Bérycidé ou Stromatéidé (piquant).						+	
* *Prolates Heberti* P. Gervais sp.							+

Comme formes particulières il y a un seul Élasmobranche : *Corax pristodontus* Ag. (var. *plicatus* Priem), et un Holocéphale : *Elasmodus crassus* Hébert sp., tous deux de la craie de Meudon.

Parmi les Téléostomes, les Poissons broyeurs du groupe des Pycnodontes sont de beaucoup les plus nombreux.

Les espèces particulières au bassin parisien sont marquées d'un astérisque. Sur 14 espèces de Pycnodontes qui ont reçu des noms, il y a 9 espèces particulières au bassin de Paris.

TEMPS TERTIAIRES

I. — PÉRIODE ÉOCÈNE

1° Époque thanétienne.

La période éocène s'ouvre par l'époque thanétienne. Une mer couvrait le nord-ouest de l'Europe, notamment l'Angleterre et la Belgique. Elle déposait en Angleterre les sables de Thanet. Cette mer septentrionale poussait dans le bassin parisien un golfe peu étendu ; la région de l'Oise et de l'Aisne, les environs de Reims et d'Epernay, une faible partie de la Normandie, étaient seuls sous les eaux.

Les sables de Bracheux près Beauvais, ceux de Châlons-sur-Vesle et de Jonchery, le conglomérat de Cernay, près de Reims, ont fourni un assez grand nombre de restes de Poissons (1).

Élasmobranches. — Les Élasmobranches sont nombreux.

Genre MYLIOBATIS. — Il y a des Batoïdes ou Raies du genre *Myliobatis*. Ces Myliobates ou Mourines ou Aigles de mer sont caractérisés par leur dentition en pavage. Il y a une rangée médiane de grandes dents plus larges que longues, limitées de chaque côté par trois rangées de dents plus petites hexagonales. Les nageoires pectorales sont très développées. A la naissance de la queue se trouve un aiguillon dont les bords présentent de fortes dentelures. Les Myliobates se nourrissent de Crustacés et de Mollusques. Ils se trouvent sur les côtes de toutes les régions tempérées ou chaudes et comptent au moins sept espèces, dont la plus commune sur nos côtes : *Myliobatis aquila* C. Duméril, atteint 1m,50 au moins de long avec un disque large d'un mètre.

Le genre *Myliobatis* a laissé des débris rares et douteux dans les terrains crétacés. Il s'est développé au début des temps tertiaires, où il a remplacé les *Ptychodus*, ces Poissons broyeurs qui caractérisent le Crétacé.

Dans le Thanétien (Châlons-sur-Vesle, Gueux, Rilly, Chamery [Marne]), on

(1) F. PRIEM, Sur les Poissons de l'Éocène inférieur des environs de Reims (*Bull. Soc. geol. France*, 4e sér., t. I, 1901, p. 477-504, 10 fig. et pl. X et XI).

La plupart des restes de Poissons décrits ici proviennent de la collection du Dr Lemoine, conservée au Muséum. Le Dr Lemoine donnait le nom de Cernaysien aux assises thanétiennes des environs de Reims.

trouve des plaques dentaires et des chevrons isolés de *Myliobatis Dixoni* Ag., espèce commune pendant la période éocène. On trouve également des piquants attribuables à des Myliobates, et ressemblant à *M. acutus* Ag. (coll. Lemoine, Muséum) espèce du London-clay.

Fig. 31. — Boucle de *Raja*, au double de la grandeur. Thanétien de Jonchery (Marne) [coll. Bourdot].

Genre Atéobatis. — La famille des Myliobatidés renferme le genre *Aëtobatis*, où la dentition se compose d'une seule série de chevrons plus ou moins courbes ou anguleux en leur milieu. Ce genre, représenté par une espèce seulement : *A. narinari* Euphrasen, ne vit plus aujourd'hui que dans les mers tropicales, notamment dans la mer Rouge et l'océan Indien. La longueur totale peut atteindre plus de 2 mètres, avec une largeur pour le disque supérieure à 1 mètre.

Le genre *Aëtobatis* apparaît avec l'Éocène dans le Thanétien des environs de Reims (Chamery, notamment); on trouve des fragments de chevrons appartenant sans doute à l'*Aëtobatis irregularis* Ag., commun dans l'Éocène.

Genre Raja. — On trouve aussi des traces de vraies Raies du genre *Raja* sous forme de petites dents plates à racine bifurquée et de boucles; celles-ci présentent une large base d'où part une petite pointe. J'ai figuré une (fig. 31-33) des boucles et une dent de *Raja* provenant du Thanétien de Jonchery (Marne) [collection Bourdot] et du Thanétien de Cernay (Marne) [coll. Bellevoye, Reims].

Fig. 32. — Boucle de *Raja*, 4 fois la grandeur naturelle. Thanétien de Cernay-lès-Reims (Marne) [coll. Bellevoye]

Genre Squatina. — Les Anges de mer ou *Squatina* (ou *Rhina*) ressemblent aux Raies par leur corps large et déprimé et aux Squales par la position latérale de leurs fentes branchiales. Les dents sont coniques, pointues, portées par une large base. Ils existent dans toutes les mers tempérées et tropicales. Sur nos côtes, la *Squatina angelus* C. Duménil atteint jusqu'à 2 mètres de long et se nourrit de Poissons, surtout de Pleuronectes et de Raies. Le genre *Squatina* date des temps jurassiques. Il se montre dans le Thanétien de Montbré, Prouilly, Chenay (environs de Reims). J'ai appelé des dents provenant de ces localités : *Squatina Gaudryi*.

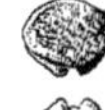

Fig. 33. — Dent de *Raja*, vue par-dessus et par-dessous, 4 fois la grandeur naturelle. Thanétien de Cernay-lès-Reims (Marne) [coll. Bellevoye].

L'espèce se trouve aussi à Châlons-sur-Vesle [coll. Molot, Reims].

Genre Acanthias. — Les *Acanthias* ou Aiguillats sont de petits Squales de la famille des Spinacidés, caractérisés par la présence de deux nageoires dorsales armées chacune d'un aiguillon. Leur museau est allongé, leur bouche armée de dents tranchantes. Ces Squales habitent les mers des régions tempérées et se nourrissent de petits Poissons. Ils atteignent rarement 1 mètre de long.

Le genre *Acanthias* date du Crétacé. On le trouve dans la craie du Liban (*A. latidens* Davis), où il est accompagné d'un autre Spinacidé d'un genre encore actuel : *Centrophorus*.

Le Thanétien des environs de Reims (coll. Lemoine, Muséum) renferme des dents d'une grande espèce d'*Acanthias* : *A. orpiensis* Winckler sp.

Genre Synechodus. — Les Cestraciontes, très répandus pendant les périodes triasique et jurassique, étaient devenus peu nombreux pendant le Crétacé. On trouve dans les dépôts de cet âge le genre *Synechodus*, aujourd'hui éteint. Nous le voyons encore dans le Tertiaire inférieur.

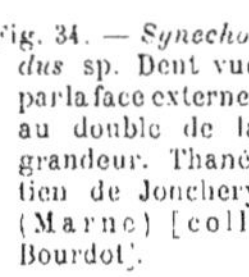

Fig. 34. — *Synechodus* sp. Dent vue par la face externe, au double de la grandeur. Thanétien de Jonchery (Marne) [coll. Bourdot].

Fig. 35. — *Synechodus* sp.? Dent vue par la face externe au double de la grandeur. Thanétien de Jonchery (Marne) [coll. Bourdot].

La collection Lemoine, au Muséum, renferme une dent de *Synechodus* d'une localité et d'un âge non indiqués, mais provenant sans doute du Tertiaire inférieur des environs de Reims.

D'ailleurs j'ai trouvé dans la collection Bourdot deux dents de *Synechodus* ici figurées (fig. 34-35) provenant du Thanétien de Jonchery (Marne), et dans la collection Bellevoye une dent provenant de Cernay (fig. 36-37).

Genre Scyllium. — Les Squales du genre *Scyllium* ou Roussettes ont deux nageoires dorsales sans aiguillon ; leur gueule est armée de petites dents avec un denticule principal muni d'un ou deux denticules accessoires sur les côtés. Les Roussettes atteignent 1 mètre et se nourrissent de Poissons tels que les Harengs. Elles habitent les mers tempérées et chaudes. On en connaît de nombreuses espèces. Le genre *Scyllium* a été précédé du genre *Palæoscyllium* de la craie du Liban, mais on trouve des espèces de *Scyllium* dans le Crétacé du Liban, d'Angleterre et de Westphalie.

Fig. 36-37. — *Synechodus* sp. Dent grossie 4 fois. A gauche, face externe ; à droite, face interne. Thanétien de Cernay-lès-Reims (Marne) [coll. Bellevoye].

On trouve aussi des dents dans le Thanétien ; ainsi à Jonchery (Marne) une petite dent (coll. Bourdot) paraît appartenir au genre *Scyllium*.

Genre Odontaspis. — Les Lamnidés sont représentés dans le Thanétien par plusieurs genres, entre autres le genre *Odontaspis*.

Les Squales de ce genre sont caractérisés par des dents hautes et étroites munies d'un ou deux denticules secondaires sur les côtés. A la symphyse de chacune des mâchoires il y a de chaque côté une petite dent, dite symphysaire. A la mâchoire supérieure, à la suite des deux dents antérieures, il y a une ou deux ou quatre rangées de dents plus petites, suivies par les dents latérales.

Le genre *Odontaspis* est représenté seulement aujourd'hui par deux espèces : *O. ferox* Risso de la Méditerranée et *O. americanus* Mitchill de l'Atlantique et du Pacifique sud. Ces espèces peuvent atteindre 2 à 4 mètres de longueur.

Le genre *Odontaspis* a remplacé le genre *Scapanorhynchus*, très répandu pendant le Crétacé (1). Il a débuté pendant le Crétacé supérieur avec l'*O. Bronni* Ag. sp. et l'*O. Houzeaui* A. Smith Woodward.

Dans le Thanétien on trouve trois espèces :

O. Rutoti Winkler sp., qui par ses dents aux denticules latéraux doubles et leur couronne ressemble à l'*O. ferox* actuel, se montre à Cernay, Châlons-sur-Vesle, Montbré et Jonchery (Marne), et peut-être à Bracheux (Oise) [dents douteuses].

O. elegans Ag. sp., aux dents striées, élancées et étroites, munies de denticules latéraux pointus et minces. Cernay, Châlons-sur-Vesle, Prouilly, Oisillons près Rilly, Chenay, Les Chauffours, Montbré, Jonchery (Marne); Bracheux (Oise); Saint-Martin-aux-Bois, Canny-sur-Matz (Oise) (2); Cugny (Aisne) [collection Vinchon].

De petites dents striées à la base, avec des denticules pointus développés, une racine haute et épaisse, répondent au type appelé par Winkler *Lamna striata*. Il faut probablement y voir une variété d'*Odontaspis elegans*. On trouve de ces dents dans les sables de Châlons-sur-Vesle (collection Lemoine, Muséum), à Jonchery (collection Bourdot), Chamery, Cernay (collection Bellevoye).

O. cuspidata (var. *Hopei*) Ag. sp., dents lisses; aux dents latérales, les denticules latéraux sont souvent divisés irrégulièrement. Bracheux (Oise); Cernay, Châlons-sur-Vesle, Les Chauffours, Gueux, Jonchery (Marne); Cugny (Aisne) (3).

Genre LAMNA. — Le genre *Lamna* se distingue du genre *Odontaspis* par des dents plus larges, moins élancées; les dents antérieures ne sont pas ou sont très faiblement sigmoïdales. Il n'y a pas les dents symphysaires qu'on trouve dans le genre *Odontaspis*.

Le genre *Lamna* paraît, comme on l'a vu, dès la période infracrétacée. A l'époque actuelle, il ne contient plus qu'une espèce : *L. cornubica* Gmelin (Lamie long-nez, Touille) qui atteint 3 ou 4 mètres et se trouve dans les mers tempérées (Atlantique, Méditerranée, mer du Japon).

Sur des dents isolées, il est souvent fort difficile de distinguer le genre *Lamna* du genre *Odontaspis*, de sorte que les avis sont très partagés sur l'attribution des espèces.

(1) On a vu plus haut que le genre *Scapanorhynchus* a un représentant actuel dans le *Mitsukurina* de la côte du Japon.

(2) Il s'agit des dents citées par L. GRAVES, *Loc. cit.*, p. 589, sous le nom d'*Odontaspis contortidens*. Ce sont probablement des dents d'*Odontaspis elegans*.

(3) M. LERICHE (Contribution, p. 142), cite aussi Laon, faubourg de Vaux.

Dans le Thanétien on trouve :

L. macrota Ag. sp. (1), dents comprimées, denticules latéraux petits sur les dents antérieures, gros et émoussés sur les dents latérales; les dents sont grossièrement striées et les stries sont irrégulières et moins bien marquées que chez *O. elegans*. Environs de Reims, Jonchery, Chenay, Châlons-sur-Vesle, Sapicourt (Marne) ; Bracheux, Bresles, Saint-Martin-aux-Bois, Villers-sous-Coudun, Canny-sur-Matz, Dives, Marigny-sur-Matz, Antheuil (Oise) ; Cugny (coll. Vinchon) ; Laon, faubourg de Vaux (d'après M. Leriche) (Aisne).

L. Vincenti Winkler sp., dents à face interne lisse, denticules latéraux acuminés avec un denticule accessoire externe. Environs de Reims (coll. Lemoine).

L. verticalis Ag., dents à face lisse, racine haute, bien développée, denticules latéraux développés et mal séparés du denticule principal. Environs de Reims (coll. Lemoine, Muséum), Jonchery? (coll. Deshayes, Muséum) (dent douteuse).

Genre Otodus. — Le nom d'*Otodus* a été conservé à des dents robustes, épaisses. Nous avons signalé déjà dans le Crétacé l'*Otodus semiplicatus* Ag. Le genre *Otodus* se continue dans la série éocène par l'*Otodus obliquus* Ag. On le trouve probablement dans le Thanétien des environs de Reims (localités non indiquées, coll. Lemoine) et il est signalé dans celui de Crisolles (Oise) et du faubourg de Vaux à Laon (d'après Leriche).

Genre Oxyrhina. — Le genre *Oxyrhina*, qui se distingue du genre *Lamna* par l'absence de denticules latéraux, semble se trouver dans le Thanétien de l'Oise, à Abbecourt et Canny-sur-Matz. Graves y cite des dents qu'il appelle *Oxyrhina hastalis* Ag. (espèce miocène) et *Otodus apiculatus* Ag. qui doivent être des dents d'*Oxyrhina*, genre déjà signalé dans les dépôts crétacés.

Genre Carcharodon. — La famille des Lamnidés renferme le genre *Carcharodon* remarquable par ses dents triangulaires dentelées sur les bords ; la troisième de la mâchoire supérieure est plus courte que les autres. A l'époque actuelle ce genre ne renferme qu'une espèce, *Carcharodon Rondeletii* Müller et Henle (= *C. lamia* Bonaparte), répandue dans les mers tempérées et tropicales. On le trouve depuis la

(1) L'espèce *Otodus macrotus* a été placée dans le genre *Lamna* par le Dr A. S. Woodward (Catalogue, part I, p. 402). Plus tard, le Dr O. Jaekel la rangea dans le genre *Odontaspis* et réunit *Od. elegans* à *Lamna macrota* sous le nom d'*Odontaspis macrota* (Untertertiäre Selachier aus Südrussland (*Mém. Com. géol. russe*, vol. IX, 1895, p. 29, pl. I, fig. 8-17, n° 4). M. Leriche a adopté l'idée du Dr O. Jaekel (*Ann. Soc. géol. Nord*, t. XXX, 1901, p. 157). Le Dr A. S. Woodward range maintenant *Lamna macrota* dans le genre *Odontaspis* (*Proc. geol. Assoc.*, vol. XVI, 1899, p. 9), mais maintient comme espèce distincte *Odontasis elegans*. Ces deux espèces me semblent distinctes et les dents isolées de l'espèce *Otodus macrotus* d'Agassiz me paraissent être plutôt des dents de *Lamna* que des dents d'*Odontaspis*.

Méditerranée jusqu'en Australie. Il atteint au moins 4 ou 5 mètres de long et ses dents ont une longueur de 3 ou 4 centimètres.

Ce genre se montre dès le Thanétien. La collection Lemoine contient des dents de *Carcharodon auriculatus* Blainv. sp. (munies de denticules latéraux) provenant de localités non indiquées, probablement thanétiennes.

Genre Galeocerdo. — A l'époque actuelle, la plupart des Squales appartiennent à la famille des Carchariidés, qui se distingue surtout par la présence d'une membrane nictitante à l'œil et par les dents creuses au lieu d'être pleines.

Le genre *Galeocerdo* présente des dents obliques, triangulaires, crénelées sur les bords avec une profonde échancrure sur le bord postérieur. La queue est longue et peut atteindre un quart ou même un tiers de la longueur totale.

On connaît aujourd'hui trois espèces de *Galeocerdo* : *G. arcticus* Müller et Henle des mers du Nord et pouvant avoir au moins 3 mètres de long, et *G. tigrinus* Müller et Henle et *G. Rayneri* Mac Donald et Barron, vivant dans l'océan Indien et le Pacifique. Leur longueur est moindre que celle de la première espèce.

On trouve dans le Crétacé des dents rares et douteuses de *Galeocerdo*, mais le genre se développe pendant l'ère tertiaire. Dès le Thanétien il y a le *Galeocerdo latidens* Ag. (Merfy, Marne, coll. Lemoine).

Citons enfin des vertèbres de Squales trouvées dans le Thanétien de Jonchery (collections Deshayes, Bourdot), d'autres provenant de localités non indiquées (collection Lemoine), enfin de Châlons-sur-Vesle, Chamery, Gueux, Tuilerie de Jonchery (Marne) [coll. Bellevoye et Molot].

Holocéphales. — Les Holocéphales sont représentés à l'époque thanétienne par les Chiméroïdes du genre *Edaphodon*, qui date de l'Infracrétacé. Aux Chauffours et à Prouilly (Marne), on trouve des dents mandibulaires d'*Edaphodon Bucklandi* Ag. et aussi des fragments de dents mandibulaires à Châlons-sur-Vesle (coll. Molot).

Téléostomes. — Pycnodontes. — Il paraît y avoir dans les dépôts thanétiens des Pycnodontes ; ces Poissons broyeurs se montrent d'ailleurs dans tout l'Éocène et ils appartiennent seulement au genre *Pycnodus* (abstraction faite du *Palæobalistum orbiculatum* Blainv. sp. du Monte Bolca).

Dans les grès de la Fère, l'abbé Lambert (1) signale, avec des ossements de Tortue et le Mammifère nommé *Arctocyon primævus*, des empreintes de Poissons. Il les appelle *Rhombus minimus* Ag. La figure ne permet pas de juger s'il s'agit vraiment de cette espèce du Monte Bolca ; je supposerai plutôt qu'on a affaire ici à un *Pycnodus*.

Genre Amia. — Parmi les nombreux restes de Poissons recueillis par le Dr Lemoine à Cernay-lès-Reims et conservés au Muséum se trouvent des vertèbres, fragments de maxillaires, os dentaires, basi-occipital, etc., d'*Amia*.

La seule espèce actuelle de ce genre, l'*Amia calva* Linné, habite les cours d'eau de

(1) Abbé Lambert, Cours de Géologie. Paris, 1862, p. 177-178, fig. 97.

l'Amérique du Nord. C'est un Poisson à corps allongé, à forte tête protégée par des plaques osseuses; il a de grandes dents coniques et des dents plus petites. Les vertèbres biconcaves, aplaties, avec un trou pour la notocorde, portent de doubles facettes articulaires pour les apophyses neurales, qui s'attachent à deux vertèbres successives. La nageoire caudale arrondie présente une hétérocercie interne, la colonne vertébrale se recourbe vers le haut. La nageoire dorsale est longue, les écailles sont minces et cycloïdes. Cette espèce très vorace se nourrit de petits Poissons et d'autres animaux aquatiques. Elle vit surtout dans les eaux marécageuses, ce qui lui a valu le nom de « mudfish ». Elle atteint une longueur de $0^m,66$.

D'après les débris recueillis par le Dr Lemoine dans le conglomérat de Cernay, j'ai pu voir que l'*Amia* du Thanétien présentait des variations de taille très grandes, mais pouvait atteindre une longueur triple de celle de l'*Amia* actuel, soit environ 2 mètres de long. J'ai donné à l'*Amia* de Cernay le nom d'*Amia robusta*. Une vertèbre douteuse d'*Amia* provient de Châlons-sur-Vesle (coll. Molot).

L'*Amia robusta* est jusqu'ici la plus ancienne espèce connue et le genre *Amia* paraît s'être montré plus tôt en Europe qu'en Amérique où il est réfugié aujourd'hui. En effet, le genre *Amia* (1) n'est bien représenté en Amérique qu'à partir des couches de Bridger (Wyoming), lesquelles, d'après leur faune de Mammifères, doivent être rapprochées du Lutétien (Éocène moyen); il y a cependant quelques restes d'*Amia* mêlés à des Mammifères du groupe de Wasatch dans les couches de Wind River; le groupe de Wasatch est rapporté à l'Éocène inférieur, mais à l'étage sparnacien, lequel surmonte le Thanétien et paraît être un facies lagunaire du Thanétien supérieur. Le conglomérat de Cernay appartient au contraire au Thanétien inférieur.

On peut ajouter que le genre *Amia* possède un précurseur dans le genre *Megalurus* du Jurassique supérieur d'Europe.

Genre Lepidosteus. — Un autre genre cantonné aujourd'hui dans les eaux douces de l'Amérique du Nord, et dont nous parlerons plus loin, est le genre *Lepidosteus*. Il se montre également dans le Thanétien du bassin parisien. Des écailles et des dents ont été recueillies à Canny-sur-Matz et Montgérain (Oise). La collection Bourdot renferme des dents trouvées à Jonchery et qui paraissent provenir d'un *Lepidosteus*.

Très probablement le *Lepidosteus* du Thanétien n'est autre que le *L. suessionensis* P. Gervais que nous retrouverons bientôt.

Genre Albula. — Le genre *Albula* est l'unique genre d'une famille de Poissons, bons nageurs à queue profondément fourchue, à forte tête où la mâchoire supérieure dépasse la mâchoire inférieure. Le corps est couvert de petites écailles d'un blanc d'argent. Sur les os des mâchoires, les vomers et les palatins, il y a de petites dents pointues, mais sur le parasphénoïde, l'entoptérygoïde et l'os lingual il y a des dents arrondies, triturantes.

L'unique espèce, l'*Albula vulpes* Linné sp. ou Renard, se trouve dans presque

(1) Le genre *Pappichthys* de Cope ne paraît pas devoir être distingué du genre *Amia*.

toutes les mers tropicales : Atlantique Sud, mer des Antilles, mer Rouge, océan Indien, Pacifique. Elle fréquente les côtes sableuses et abonde dans le golfe de Californie. L'espèce atteint environ 1 mètre de longueur (1).

On doit rapporter au genre *Albula* les fragments de dentition trouvés dans le Tertiaire et appelés par Owen *Pisodus*. Le Lutétien de Belgique contient des fragments de dentition parasphénoïde que le Dr A. S. Woodward a appelés *Albula* (*Pisodus*) *Oweni* Owen sp. (2). Des dents de la collection Bourdot, recueillies à Jonchery, dans le Thanétien, se rapprochent beaucoup de cette espèce. Une de ces dents est figurée ici (fig. 38 et pl. II, fig. 12).

Fig. 38. — *Albula* (*Pisodus*) *Oweni* Owen sp. Dent au double de la grandeur. Thanétien de Jonchery (Marne) (coll. Bourdot).

Sparidés. — Les dents isolées trouvées dans les dépôts thanétiens de Prouilly, Sézanne, Jonchery paraissent indiquer la présence de Poissons Sparoïdes rappelant les *Chrysophrys* ou Daurades. Ce sont des dents rondes (molaires) ou de forme conique (dents antérieures).

Labridés. — Le golfe parisien de l'époque thanétienne nourrissait encore d'autres Poissons broyeurs de Crustacés et de Mollusques. J'ai trouvé dans la collection Lemoine (conglomérat de Cernay) des fragments de plaques couvertes de dents triturantes ; ces dents sont creuses, cylindriques, avec un sommet arrondi. Elles proviennent de Labridés indéterminés, voisins du genre actuel *Tautoga* de la côte Atlantique des États-Unis et du genre *Cheilinus* de l'océan Pacifique.

Embiotocidés ? — D'autres fragments de plaques pharyngiennes du conglomérat de Cernay portent de nombreuses dents arrondies, serrées les unes contre les autres et constituant un véritable pavage ; au-dessous, il y a des dents de remplacement. Les dents ont un sommet bombé et montrent de fines stries partant du bombement supérieur et se dirigeant vers la base.

Ces plaques indiquent aussi des Poissons broyeurs. Elles rappellent beaucoup la dentition pharyngienne du *Damalichthys argyrosomus* Girard sp. de la côte pacifique de l'Amérique du Nord et qui appartient à la famille des Embiotocidés voisine de celle des Labridés. Ces Poissons habitent la côte pacifique de l'Amérique du Nord et celle du Japon. Une espèce, *Hysterocarpus Traski* Gibbons, vit dans les rivières de la Californie. C'est à la famille des Embiotocidés que j'ai rapporté avec doute les plaques trouvées à Cernay.

Il faut encore citer un fragment de dent conique finement striée terminée par un petit renflement, recueillie à Jonchery (collection Bourdot). Elle provient peut-être d'un Poisson de la famille des Lépidopidés appartenant au genre *Trichiurides* de Winkler (3). Une dent semblable a été recueillie à Châlons-sur-Vesle (coll. Molot).

(1) D. S. Jordan et B. W. Evermann, The Fishes of north and middle America (*Bull. of the U. S. National Museum*), t. I, 1896, p. 410-412).

(2) A. Smith Woodward, Notes on some Fish-remains from the lower tertiary and upper cretaceous of Belgium (*Geol. Mag.*, new series, dec. III, vol. VIII, 1891, p. 108, pl. III, fig. 3-5). Comparer surtout à la figure 4.

(3) M. Leriche range le genre *Trichiurides* dans la famille des Lophiidés, à côté des *Lophius* ou Baudroies. Le fragment en question ne permet pas d'exprimer une opinion ferme.

A Cernay, à Jonchery (coll. Bourdot, coll. Bellevoye), on trouve également des rayons épineux (coll. Molot) de Poissons Acanthoptérygiens et des vertèbres isolées de Téléostomes ; des vertèbres semblables proviennent de Prouilly et de localités indéterminées du Thanétien (coll. Lemoine). Il y en a aussi de Châlons-sur-Vesle (coll. Molot).

Otolithes. — J'ai eu l'occasion d'étudier deux otolithes recueillis par le Dr Lemoine et conservés dans la collection Bourdot (1). Leur provenance n'est pas indiquée, mais ils proviennent probablement du Thanétien des environs de Reims.

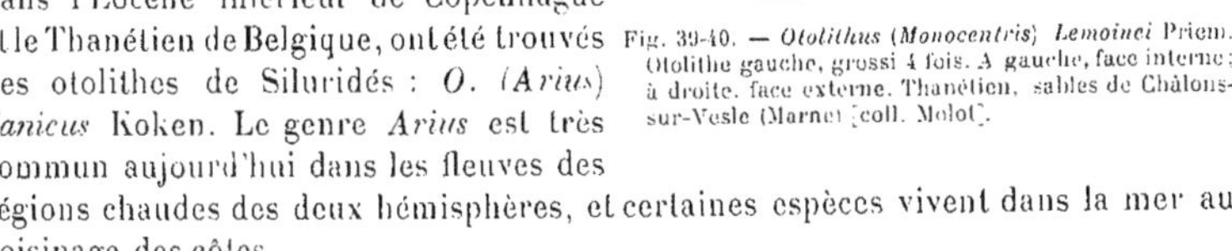

Fig. 39-40. — *Otolithus (Monocentris) Lemoinei* Priem. Otolithe gauche, grossi 4 fois. A gauche, face interne ; à droite, face externe. Thanétien, sables de Châlons-sur-Vesle (Marne) (coll. Molot).

L'un d'eux a tous les caractères des otolithes des Siluridés du genre *Arius*. Je l'ai appelé *Otolithus (Arius) Lerichei*. Déjà, dans l'Éocène inférieur de Copenhague et le Thanétien de Belgique, ont été trouvés des otolithes de Siluridés : *O. (Arius) danicus* Koken. Le genre *Arius* est très commun aujourd'hui dans les fleuves des régions chaudes des deux hémisphères, et certaines espèces vivent dans la mer au voisinage des côtes.

Otolithus (Monocentris) Lemoinei Priem. — J'avais rapporté le second otolithe à un Poisson de la famille des Sparidés sous le nom d'*O. (Sparidarum) Lemoinei*. Des otolithes semblables recueillis à Châlons sur-Vesle (coll. Molot) me permettent de rectifier cette détermination (2).

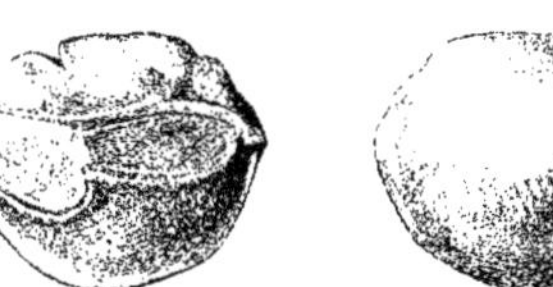

Fig. 41-42. — *Otolithus (Monocentris) Lemoinei* Priem. Otolithe droit, grossi 4 fois. A gauche, face interne ; à droite, face externe. Thanétien, sables de Châlons-sur-Vesle (Marne) (coll. Molot).

L'ostium (3) est large surtout dans sa partie ventrale, la cauda est étroite et se prolonge jusque vers le bord postérieur. Il y a des rapports avec les otolithes des Sparidés, mais le bord dorsal du sulcus ne se recourbe pas en genou à sa partie antérieure et ne contribue pas, par suite, à l'élargissement de l'ostium comme chez les Sparidés ; l'excisura se prolonge en un petit canal à la partie supérieure de l'ostium. Ces otolithes ressemblent ainsi à ceux des Percidés du groupe des Apogoninés, comme *Apogon rex mullorum* (4). Ils ont surtout de très grands rapports avec ceux du Paléocène de Copenhague que le professeur

(1) F. Priem, Sur les otolithes des Poissons éocènes du bassin parisien (*Bull. Soc. géol. France*, 4e sér., t. VI, 1906, p. 273-274, fig. 34-35, p. 277, fig. 46-74).
(2) Rectification de nomenclature (*Revue critique de Paléozoologie*, t. XI, 1907, p. 268).
(3) La nomenclature des diverses parties d'un otolithe a été donnée plus haut, p. 37.
(4) E. Koken, *Zeitschr. d. deutsch. geol. Ges.*, t. XXXV, 1884, p. 534, pl. IX, fig. 15.

Koken (1) a appelés d'abord *O.* (*Apogoninarum*) *integer* et qu'il rapporte maintenant au genre *Monocentris* de la famille des Bérycidés (2).

Les otolithes de Châlons-sur-Vesle ressemblent à ceux du Paléocène de Copenhague, mais la forme est plus arrondie, plus régulière, l'ostium plus large.

Fig. 43-44. — *Otolithus* (*Gadidarum*) *Moloti* Priem n. sp. Otolithe droit, grossi 4 fois. A gauche, face interne; à droite, face externe. Thanétien, sables de Châlons-sur-Vesle (Marne) [coll. Molot].

Les deux otolithes figurés ici sont ceux dont l'excisura est le mieux conservée; les autres ont l'excisura presque nulle et ressemblent tout à fait à celui que j'ai figuré précédemment (3).

Les Bérycidés du genre *Monocentris* sont aujourd'hui peu nombreux. Le *Monocentris japonica* Houttuyn des côtes du Japon est un petit Poisson couvert d'une cotte de mailles formée de plaques osseuses; on le compare à une pomme de Pin. Une autre espèce, *M. gloriæ-maris*, se trouve en Australie (4).

Otolithus (*Gadidarum*) *Moloti* n. sp. — Un otolithe de Châlons-sur-Vesle doit être rapporté à la famille des Gadidés (fig. 43-44).

C'est un otolithe droit, de forme allongée ; le rostre est brisé, mais il est possible que le sulcus ait été fermé au bord antérieur comme au bord postérieur. L'ostium est séparé de la cauda par un étranglement. L'ostium et la cauda contiennent des formations colliculaires (5). La face interne (sur laquelle se trouve le sulcus) est très légèrement convexe, le bord dorsal paraît avoir porté de légers plis, le bord ventral est lisse. La face externe présente une saillie longitudinale en son milieu, d'où partent des plis assez accusés se dirigeant vers les bords.

Fig. 45-46. — *Otolithus* (*Trachini?*) *Bellevoyei* Priem n. sp. Otolithe droit, grossi 4 fois. A gauche, face interne; à droite, face externe. Thanétien, sables de Châlons-sur-Vesles (Marne) [coll. Molot].

La longueur de l'otolithe est de $5^{mm},5$, la largeur de 3 millimètres et l'épaisseur de 2 millimètres.

Cet otolithe ressemble beaucoup à ceux des Gadidés, comme les Morues, les Merlans.

Il y a des otolithes de Gadidés dans le Paléocène de Copenhague : *O.* (*Merluccii*) *balticus* Koken et *O.* (*Gadidarum*) *ponderosus* Koken (6).

Otolithus (*Trachini* ?) *Bellevoyei* n. sp. — La collection Molot renferme deux

(1) A. von Koenen, Ueber eine paleocäne fauna von Kopenhagen (*Abh. d. konigl. Ges. d. Wiss. zu Göttingen*, t. XXII, 1895, p. 114, pl. V, fig. 27 *ab*) [Otolithes, par E. Koken].

(2) E. Koken, *Zeitschr. d. deutsch. geol. Ges.*, t. XLIII, 1871, p. 119, fig. 13.

(3) *Bull. Soc. géol. France*, 4e sér., t. VI, 1906, p. 273-273, fig. 34-35.

(4) D. S. Jordan, A guide to study of Fishes, 1905, t. II, p. 257, fig. 205.

(5) On appelle ainsi des parties en saillie qui peuvent remplir plus ou moins le sulcus.

(6) A. von Koenen, *Loc. cit.*, p. 113-114, pl. V, fig. 22 *ab*, 23 *ab*, 24 *abc*.

autres otolithes du Thanétien de Châlons-sur-Vesle. Ce sont deux otolithes droits. Le mieux conservé (fig. 45-46) a comme dimensions : longueur 7 millimètres, largeur $4^{mm},5$, épaisseur 2 millimètres.

La forme est elliptique ; la face interne convexe, sans ornements ; le rostre est très peu saillant. Le sulcus est très près du bord dorsal et il est rempli de formations colliculaires. Il se compose d'un long ostium étroit terminé par une cauda plus large, beaucoup plus courte, dont il est séparé par un étranglement. Cette cauda forme un angle accusé avec l'ostium et se dirige vers le bord ventral.

La face externe est plate avec un bombement vers le bord ventral.

Par l'ostium long et étroit, cet otolithe rappelle celui des Vives (genre *Trachinus*). Il s'en distingue par la cauda si fortement dirigée vers le bord ventral. Chez les Trachinidés, la cauda forme un angle beaucoup moins accusé avec l'ostium, et se trouve presque dans son prolongement. Je rapporte par suite cet otolithe avec doute au genre *Trachinus*. Je le dédie à M. Bellevoye, de Reims, qui a bien voulu, comme M. Molot, me communiquer d'assez nombreux restes de Poissons des environs de cette ville.

Il y a des Trachinidés dans le Paléocène de Copenhague, représentés aussi par des otolithes : *O.* (*Trachini*) *seelandicus* Koken (1).

Résumé. — La faune ichthyologique du Thanétien du bassin parisien comprend donc :

1° Des Élasmobranches :

Myliobatis sp.
Aëtobatis irregularis Ag.
Raja sp.
Squatina Gaudryi Priem.
Acanthias orpiensis Winkler sp.
Synechodus sp.
Scyllium sp.
Odontaspis Rutoti Winkler sp.
— *elegans* Ag. sp.
— *cuspidata* (var. *Hopei*) Ag. sp.
Lamna macrota Ag. sp.
— *Vincenti* Winkler sp.
— *verticalis* Ag.
Otodus obliquus Ag.
Oxyrhina ? sp.
Carcharodon auriculatus Blainv. sp. (étage douteux).
Galeocerdo latidens Ag.

(1) A. von Koenen, *Loc. cit.*, p. 115, pl. V, fig. 25 *abc*, et E. Koken, *Zeitschr. d. deutsch. geol. Ges.*, t. XLIII, 1891, p. 113, fig. 8-9.

2° Des HOLOCÉPHALES :

Edaphodon Bucklandi Ag.

3° Des TÉLÉOSTOMES :

Pycnodus sp. ?
Amia robusta Priem.
Lepidosteus suessionensis P. Gervais.
Albula (*Pisodus*) *Oweni* Owen sp.
Sparidés.
Labridés indéterminés.
Embiotocidés ? indéterminés.
Trichuridés ?
Acanthoptérygien indéterminé.

On doit ajouter :

Otolithus (*Arius*) *Lerichei* Priem.
O. (*Monocentris*) *Lemoinei* Priem.
O. (*Trachini?*) *Bellevoyei* n. sp.
O. (*Gadidarum*) *Moloti* n. sp.

Les espèces sont presque toutes marines et les Élasmobranches dominent. Comme espèces d'eau douce, il y a :

Amia robusta Priem.
Lepidosteus suessionensis P. Gervais.

auxquelles on doit joindre sans doute :

Arius Lerichei Priem.

La faune ichthyologique du Thanétien parisien est celle d'un golfe où venaient se déverser des cours d'eau.

Il faut remarquer le nombre considérable de Poissons broyeurs : Albulidés, Sparidés, Labridés, Embiotocidés, sans compter les genres *Myliobatis*, *Aëtobatis*, *Raja*. Ils donnent à la faune thanétienne un caractère littoral très accusé. Cette faune indique nettement un climat subtropical.

Nous retrouverons dans les étages plus élevés de l'Éocène la plupart des espèces d'Élasmobranches signalées dans le Thanétien. Les seules espèces propres à cet étage sont :

Myliobatis sp.
Raja sp.
Squatina Gaudryi Priem.

Acanthias orpiensis Winkler sp.
Synechodus sp.
Scyllium sp.
Odontaspis Rutoti Winkler sp.
Oxyrhina? sp.
Pycnodus sp.?
Amia robusta Priem.
Sparidés.
Labridés indéterminés.
Embiotocidés? indéterminés.
Trichurides?
Acanthoptérygien indéterminé.

et les otolithes :

Otolithus (*Arius*) *Lerichei* Priem.
— (*Monocentris*) *Lemoinei* Priem.
— (*Gadidarum*) *Moloti* n. sp.
— (*Trachini*?) *Bellevoyei* n. sp.

Comparaison de la faune ichthyologique de l'époque thanétienne du bassin parisien avec celle des régions voisines. — La faune thanétienne du bassin parisien a les plus grands rapports avec celle du Thanétien ou Landénien (de la localité belge de Landen) de Belgique.

Le Landénien de Belgique (abstraction faite du Landénien supérieur qui correspond au Sparnacien français) contient les restes de nombreux Élasmobranches (1) :

Acanthias orpiensis Winkler sp.
— *minor* Daimeries.
Squatina prima Winkler.
Myliobatis Dixoni Ag.
Notidanus Loozi Vincent.
Synechodus eocænus Leriche.
Cestracion sp.
Scyllium Vincenti Daimeries.
Ginglymostoma trilobatum Leriche.
Odontaspis Rutoti Winkler sp.
— *cuspidata* (var. *Hopei*) Ag. sp.
— *macrota* (*Od. elegans* Ag. sp., *L. macrota* Ag. sp.).
— *crassidens* Ag. sp.

(1) M. Leriche, Les Poissons paléocènes de la Belgique (*Mém. Mus. Roy. Hist. nat. Belgique*, t. II, 1902, p. 27-41, pl. I et fig. texte). — Contribution, etc., déjà cité (*Mém. Soc. géol. Nord*, t. V, 1906, p. 111-126).

Lamna verticalis Ag.
— *Vincenti* Winkler sp.
Oxyrhina nova Winkler.
Otodus obliquus Ag.

des Holocéphales :

Ischyodus Dolloi Leriche.
Edaphodon Bucklandi Ag.
Elasmodus Hunteri Egerton.

des Téléostomes :

Albula Oweni Owen sp.
Arius danicus Koken (otolithe du Paléocène de Copenhague).
Monocentris integer Koken (otolithe du Paléocène de Copenhague).
Egertonia sp.
Lophius? (*Trichiurides*) *orpiensis* Daimeries sp.

On constate la présence de nombreuses espèces communes au Thanétien du bassin parisien et à celui de Belgique. Ce dernier toutefois comprend des Squales des genres *Notidanus*, des Cestraciontes plus abondants, des Roussettes du genre *Ginglymostoma*.

Les Holocéphales sont également plus variés et appartiennent non seulement au genre *Edaphodon*, mais au genre *Elasmodus* purement tertiaire et au genre *Ischyodus* jurassique et crétacé.

On note aussi la présence des Labridés du genre *Egertonia* qui paraissent plus tard dans le bassin parisien, et celle de deux espèces du Paléocène de Copenhague.

La faune ichthyologique du Thanétien belge est plus riche que celle du Thanétien du bassin parisien, ce qui s'explique par des communications plus faciles avec la haute mer, mais les deux faunes ont le même caractère littoral, tropical ou subtropical. Le Thanétien français renferme déjà les genres *Amia* et *Lepidosteus*, ce qui lui donne un caractère plus littoral encore.

Le Thanétien d'Angleterre comprend les sables de Thanet et à sa partie supérieure les Woolwich and Reading beds correspondant en partie au Sparnacien du bassin parisien. On trouve là (1) :

Squatina prima Winkler sp.
Acanthias orpiensis Winkler sp.
— *minor* Daimeries.
Cestracion sp.

(1) A. Smith Woodward, Notes on the teeth of Sharks and Skates from english eocene formations (*Proc. geol. Ass.*, XVI, 1899, p. 1-14, pl. I).

Odontaspis Rutoti Winkler sp.
— *cuspidata* (var. *Hopei*) Ag. sp.
— *elegans* Ag. sp.
Lamna macrota Ag. sp.
Otodus (*Hypotodus*) *trigonalis* Jaekel sp.
Carcharias (*Hypoprion*) sp.

c'est-à-dire des Squales dont la plupart des espèces ont été signalées en Belgique ou dans le bassin parisien.

2° Époque sparnacienne.

Les couches thanétiennes du bassin parisien sont surmontées de couches d'argile et de lignites dont on fait souvent un étage particulier : le *Sparnacien* (d'Épernay, Marne). Il a un caractère lagunaire très net et montre que la région parisienne a été occupée alors par une série de dépressions où les eaux marines se mêlaient aux eaux douces.

Toutefois, d'après M. Leriche (1), le Sparnacien ne doit pas former un étage spécial; c'est une simple formation saumâtre, lacustre et fluviatile déposée entre le retrait de la mer landénienne et l'arrivée de la mer yprésienne. M. de Lapparent (2) regarde aussi maintenant le Sparnacien comme un simple facies lagunaire propre au sommet du Thanétien.

Ce facies est assez important dans le bassin parisien pour être étudié à part.

Élasmobranches. — Holocéphales. — Dans les lagunes sparnaciennes la mer a formé des dépôts tels que les sables de Sinceny (Aisne) et les lignites sont souvent aussi accompagnées de sables contenant des restes de Poissons marins.

Des chevrons détachés de *Myliobatis* sp. faisant partie de la collection d'Orbigny (Muséum) proviennent peut-être du Sparnacien (étage suessonien, localité non indiquée).

L'*Odontaspis elegans* Ag. sp. a été trouvé à Coulommes (Marne) dans les sables des lignites (collection Saint-Marceaux, Muséum), dans les sables de Sinceny (collection abbé Lambert), dans l'argile plastique d'Arcueil (Seine) [collection de Géologie du Muséum].

L'*Odontaspis cuspidata* (var. *Hopei*) Ag. sp. a été recueillie à Sinceny (collection abbé Lambert) et dans les lignites de Vauxbuin près Soissons (Aisne) [collection de M. Lalment].

Une *Oxyrhina* sp. provient des sables des lignites de Coulommes (coll. Saint-Marceaux) et des lignites de Vauxbuin (collection de M. Lalment).

La *Lamna macrota* Ag. sp. a été trouvée dans les lignites de Vauxbuin (collection

(1) *Bull. Soc. géol. France*, 4e sér., t. IV, 1904, p. 815-817.
(2) A. DE LAPPARENT, Traité de Géologie, 5e édit., 1906, p. 1489.

de M. Lalment) et la *Lamna Vincenti* Winkler sp. à Sinceny (collection abbé Lambert). Il y a aussi au Mont Bernon, près d'Épernay, des dents de *Lamna* malheureusement incomplètes (coll. Molot). Un fragment de plaque dentaire provenant des lignites de Vauxbuin pourrait appartenir à un Chiméroïde (collection Watelet, Muséum).

Téléostomes. — Genre Amia. — Nous retrouvons dans le Sparnacien le genre *Amia* déjà signalé dans le Thanétien. Le conglomérat ossifère de Vanves (Seine) (= conglomérat de Meudon, étage de l'argile plastique) renferme des vertèbres d'*Amia*. J'ai trouvé dans la collection de M. Paul Fritel une vertèbre abdominale typique d'*Amia*, et une autre vertèbre paraissant appartenir à ce genre, de même que les débris d'une grande écaille cycloïde.

Genre Lepidosteus. — A l'époque actuelle, on trouve dans les cours d'eau de l'Amérique du Nord un Poisson, le *Lepidosteus*, le Garpike des Américains, couvert d'écailles émaillées (ganoïdes), au corps allongé et cylindrique, aux mâchoires longues et minces armées de dents pointues et inégales. Les nageoires sont petites, munies de fulcres ; la nageoire caudale arrondie présente une faible hétérocercie interne. La tête est couverte de plaques émaillées et granulées. Les vertèbres sont remarquables par leur forme ; elles sont opisthocœles (bombées en avant, concaves en arrière) et ressemblent ainsi à des vertèbres de Reptile.

Les *Lepidosteus*, Poissons très voraces, habitent des cours d'eau et des lacs des États-Unis et d'une partie du Canada, du Mexique, de l'Amérique centrale et aussi de Cuba. On en connaît plusieurs espèces, notamment le *L. osseus* Linné sp., commun dans la vallée du Mississipi. Les Lépidostées peuvent atteindre 1m,50 de longueur.

Ces Poissons, aujourd'hui cantonnés en Amérique, ont habité l'Europe pendant l'ère tertiaire. Ils ont même paru plus tôt en Europe que sur le nouveau continent. Tandis que le genre *Lepidosteus* (1) semble avoir débuté en Amérique dans les couches de Bridger (Lutétien), on trouve des *Lepidosteus* dans le Thanétien du bassin parisien. M. Leriche a signalé même une écaille de *Lepidosteus* dans le Montien belge et le genre se trouve dans le Crétacé le plus supérieur du Portugal.

Mais c'est dans le Sparnacien qu'on trouve de nombreux débris de *Lepidosteus*.

P. Gervais le premier décrivit des débris de mâchoire provenant des lignites du Soissonnais sous le nom de *Lepidosteus ? suessionensis* (2). Il mettait un point de doute parce qu'il n'avait pas vu de vertèbres, lesquelles, chez les Lépidostées, sont opisthocœles.

M. G. Vasseur (3) a trouvé ensuite à Neaufles-Saint-Martin près Gisors (Eure),

(1) Le genre *Clastes*, fondé par Cope pour les Lépidostées de l'Éocène d'Amérique, paraît se confondre avec le genre *Lepidosteus* de Lacépède. Il y en a des restes douteux plus bas que le Bridger.

(2) P. Gervais, Zoologie et Paléontologie françaises (1re édit., 1848-52. Expl. Rept., Crocodiles et Poissons des lignites du Soissonnais, p. 4, pl. LVIII, fig. 3-4, 5-5a ; 2e édit., 1859, p. 517 et 531) et *C. R. Acad. Sciences*, t. LXXIX, 1874, p. 816.

(3) G. Vasseur, Sur la couche à Lépidostées de l'argile de Neaufles-Saint-Martin, près Gisors (*Bull. Soc. géol. France*, 3e sér., t. IV, 1876, p. 295-304, pl. VI).

dans l'argile plastique. des pièces diverses : écailles, plaques osseuses de la tête, vertèbres opisthocœles, ce qui permit alors à Gervais d'affirmer en 1874 la présence du genre *Lepidosteus* parmi les fossiles du bassin de Paris.

M. G. Vasseur a trouvé aussi dans le conglomérat de Meudon, à la base de l'argile plastique, des écailles et des vertèbres de *Lepidosteus* (collection du Muséum).

Il faut sans doute rapporter tous ces débris à l'espèce de Gervais, *Lepidosteus suessionensis*.

On en trouve également des fragments, d'après L. Graves, dans les lignites de Muirancourt et de Sermaize (Oise) (1). C'est à la même espèce que nous avons rapporté les restes trouvés dans le Thanétien de l'Oise.

Genre Sphyrænodus. — Des dents trouvées dans les lignites de Muirancourt et de Sermaize ont été appelées par Graves *Sphyrænodus priscus* Ag. (2). Agassiz avait donné ce nom à des dents de Scombridé provenant de l'argile de Londres. On ne connaît rien des dents signalées dans les lignites de l'Oise. Il s'agirait ici d'un Poisson marin.

Débris divers. — Il faut citer aussi des vertèbres de Poissons osseux indéterminés du calcaire à lignites de Coulommes (Marne) [collection Saint-Marceaux, Muséum].

Enfin on a trouvé au Mont Bernon, près Épernay (Marne), dans un tuf calcaire sparnacien, des rayons épineux appartenant à un Acanthoptérygien indéterminé (3).

Résumé. — Le Sparnacien du bassin parisien présente donc un mélange de formes marines :

Myliobatis sp. ?
Odontaspis elegans Ag. sp.
— *cuspidata* (var. *Hopei*) Ag. sp.
Lamna macrota Ag. sp.
— *Vincenti* Winkler sp.
Oxyrhina sp.
Chiméroïde ?
Sphyrænodus priscus Ag. ?

et des formes d'eau douce :

Amia sp.
Lepidosteus suessionensis P. Gervais.
Acanthoptérygien indéterminé.
Vertèbres de Poissons osseux indéterminés.

C'est une faune de lagunes où les eaux marines faisaient des irruptions.

Les espèces de Squales sont tout à fait banales dans l'Éocène.

(1) L. Graves, *Loc. cit.*, p. 587, cite ces débris sous le nom de *L. Maximiliani* Ag., espèce fondée sur quelques écailles trouvées dans le Lutétien. M. G. Vasseur rapportait aussi à cette dernière espèce les restes qu'il avait recueillis à Neaufles.

(2) L. Graves, *Ibid.*, p. 587.

(3) M. Leriche, Contribution, p. 146.

Dans le Landénien supérieur de la Belgique, correspondant au Sparnacien du bassin parisien, on retrouve le genre *Amia* et le genre *Lepidosteus* (1) :

Amia (*Pappichthys*) *Barroisi* Leriche.
— sp. (vertèbres).
Lepidosteus suessionensis P. Gervais.

et aussi un Acanthoptérygien indéterminé.

En Angleterre, dans la partie saumâtre des Woolwich beds, il y a des vertèbres et des écailles de *Lepidosteus* et des restes indéterminables de Téléostéens.

3° Époque yprésienne.

A l'époque yprésienne, le bassin parisien a été envahi par la mer ; elle a couvert la région de l'Oise, le Soissonnais et les environs de Reims. Elle a déposé les sables dits du Soissonnais ou de Cuise-la-Motte.

A la partie supérieure de l'Yprésien se trouvent les grès de Belleu, près de Soissons, contenant des restes de plantes, et les sables à Unios et Térédines des environs d'Épernay, formation d'estuaire attribuée encore récemment au Sparnacien. Ces sables à Unios et Térédines constituent l'*Agéien* du Dr Lemoine (nom emprunté à la localité d'Ay) (2).

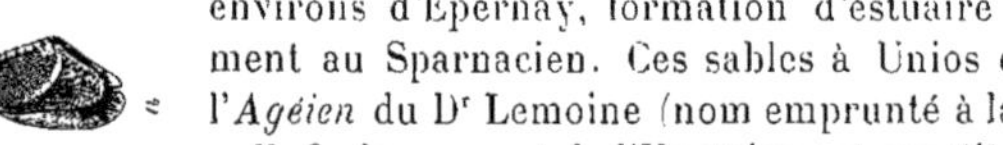

Fig. 47. — Dent de Rajidé, vue par-dessus (*a*) et par-dessous (*b*), grossie 4 fois. Yprésien de Pourcy (Marne) [coll. Molot].

Enfin le sommet de l'Yprésien est constitué dans le bassin parisien par les sables d'Hérouval (Oise) qui fait passage au Lutétien.

Élasmobranches. — Les restes d'Élasmobranches, surtout chevrons de Myliobatidés, dents de Squales, sont nombreux dans les couches yprésiennes.

Genre Squatina. — L. Graves a signalé dans l'Yprésien de Cuise-la-Motte des dents d'Ange de mer sous le nom de *Squatina Gravesi* Pomel ; il s'agit d'une espèce purement nominale qui n'a été ni décrite ni figurée (3). La collection Boistel renferme une dent de *S. Gaudryi* Priem provenant de l'Yprésien de Saint-Gobain (Aisne). Nous avons noté la présence de cette espèce dans le Thanétien.

Genre Pristis. — Le Poisson-Scie ou *Pristis* est caractérisé par le long prolongement de son museau ou rostre, armé de fortes dents pointues, tandis que les dents des mâchoires sont petites et émoussées.

Ces Poissons dangereux peuvent atteindre une longueur de 6 mètres et davantage,

(1) M. Leriche, Les Poissons paléocènes de la Belgique, p. 42-47, fig. 6-8 du texte et pl. III, et Contribution, etc., p. 145-147.

(2) Voir sur la faune ichthyologique de l'Agéien : M. Leriche, Faune ichthyologique des sables à Unios et Térédines des environs d'Épernay (Marne) [*Ann. Soc. géol. Nord.* t. XIX, 1900, p. 173-196, 5 fig. texte, pl. I-II], et F. Priem, Sur les Poissons de l'Éocène inférieur des environs de Reims (*Bull. Soc. géol. France*, 4e sér., t. I, 1901, p. 477-504, 10 fig. et pl. X-XI).

(3) L. Graves, *Loc. cit.*, p. 590. Il paraît y avoir des dents de *Squatina* (douteuses) à Pourcy (Marne) [coll. Bellevoye], gisement dont nous parlons plus loin.

et le rostre peut avoir 2 mètres de long. Ils vivent dans les mers chaudes et tempérées; on en trouve dans la Méditerranée (*P. antiquorum* Latham, *P. pectinatus* Latham) et aussi dans l'Atlantique sud ; ils sont particulièrement nombreux dans la mer Rouge, l'océan Indien, la mer des Antilles et fréquentent les embouchures des fleuves, par exemple celles du Sénégal, du Gange, le bas Mississipi, etc.

Le genre *Pristis* se montre dès la période éocène. Graves cite des dents rostrales à Cuise-la-Motte et Gilocourt (Oise) dans l'Yprésien. Au Muséum se trouve un fragment de dent rostrale provenant de Pierrefonds (Oise) et je puis noter aussi une dent rostrale provenant de la gorge du Han (Oise) [collection Bourdot].

M. Leriche (1) attribue à l'espèce lutétienne *P. Lathami* Galeotti des dents rostrales trouvées à Hérouval (Yprésien supérieur).

Genre Raja. — Graves (2) a cité à Cuise-la-Motte une Raie probablement représentée par des boucles : *Raja echinata* Pomel, espèce qui n'a été ni décrite ni figurée. Nous figurons ici (fig. 47) une dent de Rajidé provenant de Pourcy (Marne) (3) [collection Molot]. La couronne est plate, triangulaire ; la racine basse, fendue dans le sens de la longueur.

Genre Myliobatis. — Les Aigles de mer ou *Myliobatis*, déjà communs pendant le Thanétien, ont laissé dans les couches yprésiennes de nombreux restes de dentition ou des aiguillons.

Tels sont :

M. Dixoni Ag., plaques dentaires trouvées à Cuise-la-Motte.

La collection Bourdot renferme une dentition inférieure et une dentition supérieure provenant de l'Yprésien de Pont-Sainte-Maxence (Oise), ici représentées (fig. 48-49). Elles étaient désignées sous le nom de *M. Pontis* (sans nom d'auteur). Je les regarde comme voisines de *M. Dixoni*.

M. toliapicus Ag. On peut rapporter à cette espèce des chevrons isolés trouvés à Cuise-la-Motte. M. Leriche l'a citée aussi à Hérouval et dans les sables à Unios et Térédines (Agéien) de Cuis (Marne).

M. striatus Buckland (sous le nom de *M. punctatus* Ag.) a été signalé par Graves à Cuise-la-Motte.

Un fragment de chevron peut sans doute être attribué à *M. goniopleurus* Ag. (gorge du Han ; coll. Bourdot).

Des chevrons ou fragments de chevrons indéterminables au point de vue de l'espèce, et qu'on peut inscrire comme *Myliobatis* sp., proviennent de Cuise-la-Motte, de l'Yprésien de Chaumont, du trou du Han (4), d'Hérouval, de Laversine

(1) M. Leriche, Contribution, p. 353.

(2) L. Graves, *Loc. cit.*, p. 590.

(3) Le gisement de Pourcy (Marne), indiqué souvent comme sparnacien, paraît devoir être rapporté à l'Yprésien. J'ai eu l'occasion d'étudier, en mai 1907, les fossiles recueillis à Pourcy par MM. Molot et Bellevoye, de Reims, et de faire alors les déterminations ici mentionnées.

(4) Ne pas confondre le trou du Han, près l'étang Saint-Pierre, avec la gorge du Han, située non loin de là (A. Robin, *La Terre*, p. 250).

(Oise) et aussi d'Aizy (Aisne) [coll. Bellevoye] (1) et de Pourcy (Marne) (même collection et coll. Molot).

Des aiguillons de *M. acutus* Ag. et de *M. canaliculatus* Ag. de Cuise-la-Motte ont

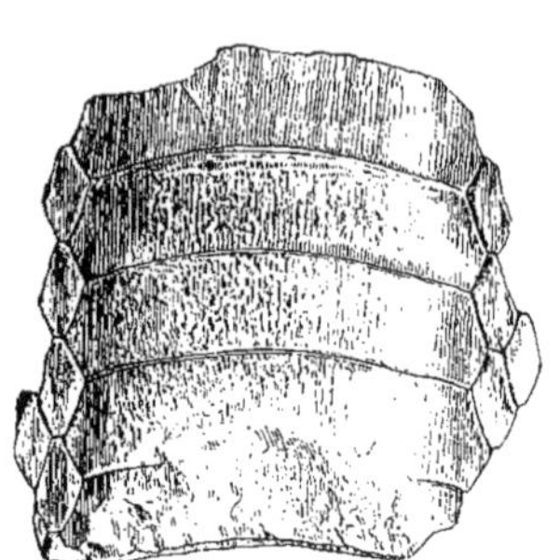

Fig. 48. — *Myliobatis* aff. *Dixoni* Ag., dentition inférieure, grandeur naturelle. Yprésien de Pont-Sainte-Maxence (Oise) [coll. Bourdot].

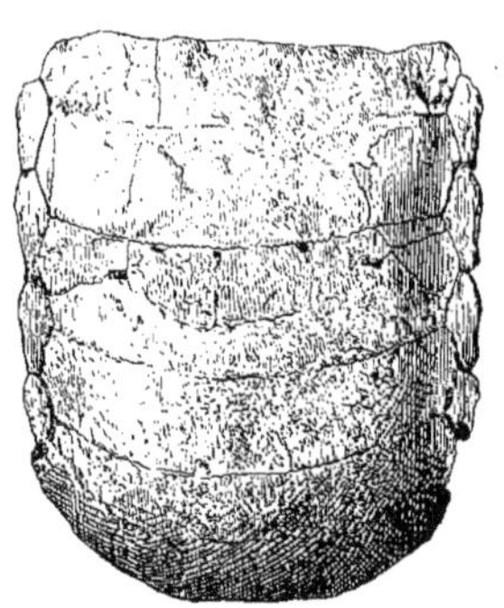

Fig. 49. — *Myliobatis* aff. *Dixoni* Ag., dentition supérieure, grandeur naturelle. Yprésien de Pont-Sainte-Maxence (Oise) [coll. Bourdot].

été cités par Graves. On trouve aussi des aiguillons de *Myliobatis* au trou du Han et à Hérouval.

Genre Aëtobatis. — Des débris de chevrons d'*Aëtobatis*, probablement *A. irregularis* Ag., proviennent de Cuise-la-Motte, de la gorge du Han, d'Hérouval.

Genre Rhinoptera. — Le genre *Rhinoptera* se distingue du genre *Myliobatis* en ce que les dents médianes diffèrent beaucoup moins par leur longueur des dents latérales. Ce genre existe actuellement dans les mers tropicales et subtropicales et aussi dans la Méditerranée (*R. marginata* Cuvier).

Fig. 50. — *Scyllium* sp. Dent vue par la face interne au triple de la grandeur. Yprésien de Visigneux (Oise) [coll. Watelet, Paléontologie, Muséum].

Fig. 51. — *Ginglymostoma Thielensi* Winkler sp. Dent vue par la face externe, au double de la grandeur. Yprésien de Cuise - la - Motte [coll. Boistel].

M. Leriche a rapporté à *R. Daviesi* A. Smith Woodward, du London-clay, des chevrons trouvés dans l'Yprésien ou le Lutétien des environs de Soissons (2). Il paraît y en avoir aussi à Pourcy (Marne) [coll. Bellevoye].

Genre Notidanus. — Les Squales du genre *Notidanus* ou Grisets, avec six ou sept fentes branchiales et des dents pourvues de plu-

(1) P. Gervais a figuré sous le nom de *M. crassus* une plaque dentaire provenant des environs de Soissons; il s'agit peut-être du Lutétien inférieur [Zool. et Pal. franç., 1re édit., Expl. Poiss. foss., p. 15, pl. LXXIX, fig. 7; 2e édit, p. 5-8].

(2) M. Leriche, Contribution, p. 367.

sieurs fortes crénelures, se trouvent aujourd'hui dans les mers tropicales et subtropicales et aussi la Méditerranée et le golfe de Gascogne.

Nous avons vu que le genre remonte à l'ère secondaire. On le trouve aussi dans le Thanétien de Belgique (*N. Loozi* Vincent). L. Graves cite des dents de *Notidanus* dans l'Yprésien d'Attichy (Oise) sous le nom de *N. recurvus* Ag. (= *N. primigenius* Ag.). Cette détermination est douteuse, car l'espèce *N. primigenius* ne paraît se montrer qu'à partir du Lutétien supérieur.

CESTRACIONTE ? — Je rapporte avec doute aux Cestraciontes une petite dent de l'Yprésien de Liancourt (Oise) [collection Bourdot] à base aplatie, avec une pointe médiane flanquée de deux pointes plus petites ; ces pointes sont fortement comprimées.

SCYLLIIDÉS. — Les Scylliidés ou Roussettes se montrent dans l'Yprésien. Une petite dent de *Scyllium* sp. avec deux paires de denticules latéraux (fig. 50) provient de Visigneux (Oise) [collection Watelet, Muséum]. Il paraît y en avoir aussi à Pourcy (Marne) [coll. Bellevoye]. J'ai vu une dent provenant du trou du Han, qui paraît appartenir au genre *Ginglymostoma*. La collection Boistel renferme une dent de *G. Thielensi* Winkler sp. ici figurée et provenant de Cuise-la-Motte (fig. 51). L'espèce se trouve dans l'Yprésien et le Lutétien de Belgique. Ce genre habite actuellement les mers chaudes. Il apparaît déjà dans le Thanétien de Belgique et même dans le Maëstrichtien (Sénonien supérieur).

LAMNIDÉS. — Genre ODONTASPIS. — Le genre *Odontaspis* comprend dans les couches yprésiennes plusieurs espèces qu'on retrouve en partie dans les divers étages de l'Éocène.

O. elegans Ag. sp. (sens strict) : Cuise-la-Motte, Pierrefonds, Marquemont, gorge du Han, Hérouval (Oise) (1) ; Aizy, Berzy-le-Sec, Cuffies, Brasles, Pommiers, Saint-Gobain (Aisne) ; Cuis (Marne), sables à Unios et Térédines, Pourcy [coll. Bellevoye et Molot] (Marne).

O. cuspidata (var. *Hopei*) Ag. sp. Cuise-la-Motte, Pierrefonds, Marquemont, gorge du Han, Hérouval (Oise) ; Aizy, Berzy-le-Sec, Cuny-en-Almont (Aisne) ; Cuis (Marne), sables à Unios et Térédines.

O. Winkleri Leriche (2). Cuise-la-Motte, Trosly, Breuil, Hérouval (Oise) ; Cuffies, environs de Soissons (Aisne).

O. crassidens Ag. sp. Hérouval, gorge du Han ? (Oise) [collection Bourdot].

(1) L. GRAVES cite (p. 589) à Attichy, Autrèches, Clairoix, Thourotte, Pont-Sainte-Maxence, Cuise-la-Motte (Oise), *O. contortidens* Ag. ; il s'agit probablement d'*O. elegans* sens strict. Il en est probablement de même pour *O. acutissima* Ag., qu'il cite à Cuise, Villiers-sur-Coudon, la Cavée-aux-Vaches près Thury. La variété *L. striata* Winkler se trouve à Pourcy (Marne) [coll. Bellevoye], à Cuis (Marne) dans les sables à Unios et Térédines. Il y a peut-être aussi à Cuise-la-Motte cette variété (coll. Watelet, Muséum).

(2) M. LERICHE donne ce nom à des dents très voisines de *O. Rutoti* Winkler sp. du Thanétien (Poissons éocènes de la Belgique, p. 86 et p. 117-119, pl. VI, fig. 1-12).

Genre LAMNA. — Le genre *Lamna* comprend :

L. macrota Ag. sp. Cuise-la-Motte, Pierrefonds, Marquemont, Visigneux, Jaulzy, gorge du Han, Hérouval (Oise) (1) ; Cœuvres, Cuffies, Berzy-le-Sec, Aizy, Cugny (Aisne) ; Cuis (Marne), sables à Unios et Térédines.

L. Vincenti Winkler sp. Cuise-la-Motte, Hérouval (Oise) ; Aizy, Saint-Gobain, Laon (Aisne) (2) ; Pourcy (Marne) [coll. Bellevoye].

L. verticalis Ag. Hérouval (Oise) (3) ; Cuis (Marne), sables à Unios et Térédines.

On retrouve le genre OTODUS avec :

O. obliquus Ag. Laon, Aizy (Aisne) ; Cuis (Marne), sables à Unios et Térédines.

Le genre OXYRHINA est représenté par plusieurs espèces :

O. Desori Ag.? Cuise-la-Motte (Oise) ; Cuffies (Aisne) [collection Watelet, Muséum].

O. nova Winkler sp. Cuise-la-Motte (collection Watelet, Muséum).

O. eocæna (4) A. S. Woodward? Cuise (collection de Géologie du Muséum).

O. sp. Cuise-la-Motte, Hérouval (Oise) ; Aizy, Pommiers, Berzy-le-Sec (Aisne) (5).

Le genre CARCHARODON présente :

C. auriculatus Blainv. sp. (*C. toliapicus* Ag.). Marquemont, Cuise, (Oise (6).

— (var. *disauris* Ag.). Gorge du Han (Oise) [coll. Bourdot].

CARCHARIIDÉS. — Genre GALEOCERDO. — On retrouve le *Galeocerdo latidens*, déjà signalé à l'époque thanétienne, dans l'Yprésien de Visigneux et de la gorge du Han (Oise) [collections Watelet et Bourdot].

Genre CARCHARIAS. — Les Requins proprement dits ou *Carcharias* sont aujour-

(1) Il faut probablement rapporter à cette espèce les dents désignées par L. GRAVES sous le nom de *O. elegans* : Attichy, Pont-Sainte-Maxence, Houdainville, Cuise-la-Motte, Thourotte (Oise).

(2) M. LERICHE fonde une var. *inflata* pour des dents trouvées à Laon et à Hérouval (Contribution, p. 344, 359). Il pense que les dents d'Attichy et Cuise, appelées par L. GRAVES *L. compressa*, sont peut-être des dents de *L. Vincenti* (p. 344).

(3) D'après M. LERICHE, p. 359 et p. 345.

(4) M. LERICHE attribue cette espèce à un genre *Xenodolamia* établi par J. LEIDY (Contribution, p. 199).

(5) L. GRAVES cite (p. 588) sous le nom d'*O. hastalis* Ag., espèce oligocène et miocène, des dents trouvées à Autrèches, Clairoix, Gilocourt (Oise), et sous celui, synonyme, d'*Otodus apiculatus* Ag. des dents de Cuise, Creil, La Cavée-aux-Vaches.

(6) L. GRAVES cite (p. 588) à Attichy (Oise) un *Carcharodon* qu'il appelle *C. sulcidens* Ag. Cette dernière espèce, qui n'est autre que *C. Rondeletii* Müller et Henle, encore actuelle, ne date que du Tertiaire supérieur. Il s'agit probablement de *C. auriculatus*.

d'hui les Squales les plus nombreux. Le « Catalogue of Fishes » de A. Günther (t. VIII, 1870, Londres) en compte 35 espèces. Ces Squales conformés pour une natation rapide se trouvent dans toutes les mers tempérées et tropicales.

Les dents comprimées et triangulaires ne présentent qu'une seule pointe. Généralement les dents supérieures diffèrent beaucoup des dents inférieures. Suivant les variations des dents, Müller et Henle distinguent cinq sous-genres :

A. *Dents non crénelées.*

1. *Scoliodon.* Dents supérieures et inférieures obliques, non renflées à la base.
2. *Physodon.* Dents inférieures renflées à la base, à pointe grêle; dents supérieures triangulaires, comprimées, obliques.
3. *Aprionodon.* Dents étroites sur une large base ; les inférieures sont droites et les supérieures obliques.

B. *Dents crénelées.*

1. *Hypoprion.* Dents supérieures crénelées à la base; les inférieures non crénelées.
2. *Prionodon.* Toutes les dents ou une partie des dents entièrement crénelées.

Sur toutes nos côtes on trouve le Requin bleu : *Carcharias* (*Prionodon*) *glaucus* Rondelet sp., et dans la Méditerranée le *C.* (*Prionodon*) *obtusirostris* Moreau (= *C. lamia* Müller et Henle, non Risso). La première espèce atteint de 2 à 3 mètres et la seconde jusqu'à 4 mètres.

Ces Squales voraces ont apparu au début du Tertiaire. Nous avons cité plus haut le sous-genre *Hypoprion* dans le Thanétien d'Angleterre.

Dans l'Yprésien supérieur du bassin parisien on trouve *Carcharias* (*Aprionodon*) sp. à Hérouval (collection Bourdot) et aussi *C.* (*Physodon*) *tertius* Winkler sp. dans la même localité (1).

Je rapporte aussi avec doute au sous-genre *Aprionodon* des dents provenant de Cuise-la-Motte (collection du Muséum).

Genre GALEUS. — Les *Galeus* ou Milandres ou Chiens de mer sont de petits Squales de $1^{m},50$ de longueur, armés de dents obliques crénelées avec une encoche postérieure. Il y en a deux espèces : le *Galeus canis* Rondelet qui habite les côtes d'Europe et se trouve accidentellement au cap de Bonne-Espérance, et le *G. japonicus* Müller et Henle du Pacifique.

Ce genre commence avec l'Yprésien. On trouve le *Galeus* (*Galeocerdo*) *minor* Ag. sp. dans l'Yprésien d'Attichy, Cuise-la-Motte, Pierrefonds, gorge du Han, Hérouval

(1) D'après M. LERICHE, Contribution, p. 361.

(Oise), Aizy (Aisne). Je rapporte aussi au genre *Galeus* d'autres dents d'Hérouval (coll. Bonnet, coll. Bourdot).

Enfin on trouve des vertèbres de Squales dans l'Agéien (localités non indiquées, collection Lemoine), à Cuise-la-Motte, Trosly-Breuil, Hérouval (Oise) et à Pourcy (Marne) [coll. Molot] avec des fragments de piquants rappelant les Chiméroïdes.

Téléostomes. — Genre ACIPENSER. — Le genre Esturgeon (*Acipenser*) se montre dès l'Éocène. On le trouve dans le London-clay en Angleterre. Dans l'Agéien il se trouve également. J'ai décrit un piquant pectoral provenant de la collection du Dr Lemoine (localité non indiquée) sous le nom d'*Acipenser Lemoinei* (1).

PYCNODONTES. — Les Pycnodontes vont disparaître avec l'Éocène. Dans l'Yprésien, des dents isolées doivent être attribuées au genre *Pycnodus*.

Telles sont celles trouvées à la gorge du Han et dans l'Yprésien supérieur de Liancourt et d'Hérouval (collection Bourdot).

Genre ANCISTRODON. — Les dents crochues du genre *Ancistrodon*, déjà signalées dans le Crétacé supérieur et qui sont peut-être des dents préhensiles de Pycnodontes, sont également représentées dans l'Yprésien.

On trouve l'*Ancistrodon armatus* P. Gervais sp. à Cuise-la-Motte, au trou du Han, à Hérouval (Oise), à Saint-Gobain, Aizy (Aisne).

Genre AMIA. — Dans les sables à Unios et Térédines, il y a des vertèbres d'*Amia*. Elles proviennent de Cuis et Monthelon (Marne). M. Leriche leur a donné le nom d'*Amia Lemoinei* et *Amia* (*Pappichthys*) *Barroisi*. Une vertèbre de cette dernière espèce provient de Pourcy (Marne) [coll. Bellevoye].

Genre LEPIDOSTEUS. — L. SUESSIONENSIS P. Gervais. J'ai pu étudier de nombreux débris de *Lepidosteus* provenant de l'Agéien (coll. Lemoine) et je les ai rapportés à *L. suessionensis* P. Gervais ; des écailles et des dents de cette espèce ont été trouvées à Pourcy (Marne) [coll. Bellevoye]; des écailles aussi au trou du Han (Oise). La même espèce a été signalée par M. Leriche dans les sables à Unios et Térédines des environs d'Épernay (Chavot, Cuis, Monthelon, Avize).

LEPIDOSTEUS sp. — Enfin Watelet avait trouvé dans les grès de Belleu près Soissons, qu'on place maintenant dans l'Yprésien supérieur, un *Lepidosteus* dont le moulage se trouve au Muséum (2).

Il y a le moulage de l'empreinte et de la contre-empreinte. Nous figurons l'empreinte qui est assez bien conservée (pl. II, fig. 5), tandis que la contre-empreinte, avec écailles en creux, est très peu nette. Le Poisson est aplati : il est vu par la face

(1) F. PRIEM, *Bull. Soc. géol. France*, 4e sér., t. IV, 1904, p. 46. J'avais d'abord décrit ce piquant sous le nom d'*Arius? Lemoinei* (*Bull. Soc. géol. France*, 4e sér., t. I, 1901, p. 492-493, pl. IX, fig. 9-11).

(2) Le moulage en question porte comme indication : grès de Belleu près Soissons, étage de lignites, coll. Watelet 1874-560. Un autre exemplaire du moulage (n° 11386), accompagné de la contre-empreinte mal conservée (n° 11384) et du moulage (n° 11385) de la partie antérieure du n° 11386, porte comme indication : Moule d'un *Lepidotus* des sables du Soissonnais donné par M. Watelet, 1856.

P. GERVAIS (Zool. et Pal. fr., 2e édit., 1859, p. 530) dit que M. Watelet, de Soissons, a trouvé une belle empreinte d'un Poisson lépidostéide dans un grès des environs de cette ville, grès d'origine fluviatile d'après M. Watelet. GERVAIS veut évidemment parler du Poisson que nous venons de décrire.

ventrale. On voit les écailles, qui sont petites et paraissent rugueuses Leur forme n'est pas très distincte. Certaines écailles des flancs, cependant, sont visiblement rhombiques ; on voit aussi des écailles plus petites, allongées et irrégulières, appartenant à la région ventrale. On ne voit pas de nageoires, le pédicule caudal n'existe pas. La longueur de la partie conservée est de 25 centimètres, avec une largeur de 4cm,5. Il s'agit certainement d'un *Lepidosteus* et dont l'espèce paraît être différente de *L. suessionensis*.

Genre Arius. — Les Siluridés sont des Poissons dépourvus d'écailles, à la peau nue ou revêtue de plaques osseuses ; la partie postérieure du crâne porte des os dermiques formant une sorte de casque. Il y a le plus souvent aux nageoires pectorales un fort aiguillon et de même à la nageoire dorsale. Les Siluridés vivent généralement dans les eaux douces des régions chaudes : dans les fleuves d'Europe il n'y a qu'une espèce : le *Silurus glanis* Linné.

Le genre *Arius* existe dans les fleuves des régions tropicales et se trouve aussi dans la mer au voisinage des côtes. Il est remarquable par un fort aiguillon dentelé aux nageoires pectorales et à la dorsale.

D'après les otolithes, ce genre paraît s'être montré dès le Thanétien (Voir plus haut). Il se trouve dans l'Yprésien supérieur. Dans les sables à Unios et Térédines des environs d'Épernay et dans l'Agéien des environs d'Épernay (Marne) [collection Lemoine], il y a des piquants d'*Arius* appelés par M. Leriche *Arius Dutemplei*.

Genre Cybium. — Les Scombridés sont des Poissons des mers tempérées et tropicales tels que les Maquereaux (*Scomber*) et les Thons (*Thynnus*). Ils ont des dents coniques plus ou moins fortes.

On les rencontre dès le Tertiaire et le genre *Cybium* se montre dès l'Yprésien. Les Poissons de ce genre, munis de fortes dents, vivent aujourd'hui dans l'Atlantique tropical et l'océan Indien.

J'ai trouvé dans la collection Bourdot une dent de *Cybium* provenant d'Hérouval (Yprésien supérieur).

Scombridés indéterminés. — La collection Boistel renferme une dent de Scombridé provenant de Saint-Gobain et deux autres provenant de l'Yprésien de Chaumont. Ces dents coniques, assez fortes, à bords non tranchants, d'ailleurs assez mal conservées, pourraient appartenir au genre *Pelamys* répandu aujourd'hui dans les mers tempérées et tropicales.

Xiphiidés. — Près des Scombridés se placent les Poissons-Épée ou Espadons (*Xiphias*) dont les prémaxillaires se fusionnent en un long rostre formant une arme offensive : les dents sont petites ou absentes. Ces Poissons, qui peuvent atteindre une taille de plus de 1m,50, parfois 4 mètres, habitent surtout les mers chaudes. Dans la Méditerranée, le golfe de Gascogne, on trouve assez souvent le *Xiphias gladius* Linné.

Dès le Tertiaire inférieur il y a eu des Xiphiidés.

On rencontre des baguettes à section circulaire, présentant des cannelures régulières et appelées *Cœlorhynchus rectus* Ag. Les auteurs, tels qu'Agassiz, Owen, etc., les ont regardées comme des rostres de Xiphiidés, tandis que d'autres les ont regardées comme pouvant être des épines de Chiméroïdes. La baguette présente une cavité centrale, mais M. Leriche (1) a étudié des baguettes intactes où la partie proximale était conservée ; cette région est divisée par une cloison médiane en deux parties. D'après cela, il considère les *Cœlorhynchus* comme des rostres où les deux branches proximales seraient les prémaxillaires, qui en avant se souderaient comme chez les Xiphiidés. Il a changé le nom de *Cœlorhynchus*, déjà porté par un Poisson actuel, en celui de *Glyptorhynchus*

Le *Glyptorhynchus rectus* Ag. sp. se trouve à Cuise-la-Motte et à Hérouval.

M. Leriche a signalé dans les sables à Unios et Térédines des environs d'Épernay une pièce ressemblant à *Brachyrhynchus* Van Beneden (qui est un rostre de Xiphiidé).

Sparidés. — Les Poissons Sparidés, tels que les Daurades (*Chrysophrys*), ont des dents arrondies, triturantes, à la partie postérieure des mâchoires, et des dents coniques, préhensiles en avant.

Des dents arrondies appartenant à des Sparidés voisins des *Chrysophrys* ont été trouvées à Cuise-la-Motte.

Il y a également des dents de Sparidés à Pourcy (Marne) [collection Molot].

Genre Trigonodon. — Des Sparidés actuels, tels que les Sargues, possèdent en avant des mâchoires des dents ayant la forme d'incisives. Un genre éteint, le genre *Trigonodon*, n'est connu que par ses dents tranchantes, beaucoup plus larges que celles des *Sargus*.

Les dents de *Trigonodon serratus* Gervais sp. présentent sur leur bord tranchant des plissements plus ou moins marqués. On en trouve à Cuise-la-Motte, à Hérouval et au trou du Han (Oise) et à Aizy (Aisne) [collection Bellevoye].

Labridés. — Les Labridés, Poissons littoraux très répandus, ont des dents triturantes sur les os pharyngiens; les pharyngiens inférieurs sont fusionnés.

Les Labridés ont pris un très grand développement dès le Tertiaire inférieur.

Nous avons déjà signalé dans le Thanétien des fragments de dentition pharyngienne de Labridés indéterminés se rapprochant des genres *Tautoga* et *Cheilinus* actuels. Des fragments analogues proviennent de l'Yprésien supérieur (Agéien du Dr Lemoine). Il y a aussi des Labridés indéterminés dans les sables à Unios et Térédines.

Trois genres aujourd'hui éteints s'épanouissent dans la mer yprésienne du bassin parisien :

1° Le genre *Phyllodus* Agassiz où les pharyngiens supérieurs sont soudés en une plaque comme les pharyngiens inférieurs. Les dents sont lamelliformes, et sous les dents fonctionnelles les dents de remplacement sont en piles.

(1) M. Leriche, Les Poissons éocènes de la Belgique, p. 159-162, pl. XI, fig. 4-6. Contribution, p. 254.

Il y en a plusieurs espèces :

P. speciosus Cocchi. Cuise-la-Motte (Oise).
— *Gervaisi* Cocchi. Sables de Retheuil (Aisne).
— *marginalis*? Ag. Cuise-la-Motte.
— *Gaudryi* Priem. Environs d'Épernay (Agéien), Pourcy (Marne) [collection Bellevoye].

On rencontre aussi des dents isolées de *Phyllodus* sp. à Pierrefonds, Hérouval (Oise), Margival (Aisne) (1).

2° Le genre *Egertonia* Cocchi, où il y a aussi une seule plaque pharyngienne supérieure, mais les dents, disposées en piles, sont circulaires.

L'Agéien des environs d'Épernay (collection du Dr Lemoine) et le gisement de Pourcy (Marne) [coll. Bellevoye] renferment des fragments de plaques pharyngiennes d'*Egertonia isodonta* Cocchi.

M. Leriche a trouvé dans l'Agéien de Cuis (Marne) une plaque d'*Egertonia* qu'il a rapportée à une espèce nouvelle, *E. Gosseleti*, qui paraît être identique à la précédente.

3° Le genre *Labrodon* (*Nummopalatus* M. Renault) renferme des Labridés éteints connus par leurs dentitions pharyngiennes. Ils présentent deux plaques pharyngiennes supérieures et une plaque inférieure couvertes de dents à contour arrondi ou polygonal, sous lesquelles se trouvent des piles de dents de remplacement.

Le genre *Labrodon* P. Gervais apparaît dans l'Yprésien et y présente diverses espèces :

Labrodon sp. Sables de Cuise-la-Motte. Plaque pharyngienne figurée par Gervais comme *Phyllodus* (Zool. et Pal. franç., 1re édit., Expl. Poiss. foss., p. 5, pl. LXVIII, fig. 31-31 *a* ; 2e édit., p. 515) et par M. Sauvage comme un *Labrodon* (2).
— sp. Trou du Han ; plaque pharyngienne inférieure (communiquée par M. Dautzenberg).
— *trapezoidalis* Leriche. Cuis (Marne), sables à Unios et Térédines ; environs d'Épernay (collection Lemoine, Agéien) ; Pourcy (Marne) [collection Bellevoye] ; plaques pharyngiennes supérieures.
— *Sauvagei* Leriche. Même provenance, plaques pharyngiennes supérieures.
— *Vaillanti* Priem. Environs d'Épernay (collection Lemoine, Agéien) ; plaques pharyngiennes supérieures.
— *paucidens* Priem. Même provenance ; plaque pharyngienne supérieure.

(1) L. Graves cite (p. 588) dans l'Yprésien de Cuise-la-Motte plusieurs espèces de *Phyllodus* nommées par A. Pomel, mais ni décrites ni figurées : *P. Duvali*, *P. inconstans*, *P. latidens*, *P. Levesquei*. Il cite aussi une autre espèce nominale de Labridé : le *Scarus tetrodon* Pomel.

(2) E. Sauvage, *Bull. Soc. géol. France*, 3e sér., t. III, 1875, p. 617.

Acanthoptérygiens indéterminés. — Des rayons épineux d'Acanthoptérygien indéterminé se trouvent dans l'Yprésien du trou du Han, à Pourcy (Marne) [collection Molot] et surtout dans les sables à Unios et Térédines de Cuis et de Monthelon (Marne) et l'Agéien des environs d'Épernay (coll. Lemoine). M. Leriche a d'abord considéré ces rayons comme des piquants de Siluroïde sous le nom de *Pimelodus Gaudryi*.

On trouve également des vertèbres de Poissons osseux indéterminés dans l'Agéien des environs d'Épernay (collection Lemoine), à Pourcy (Marne) [collections Bellevoye et Molot] et dans l'Yprésien supérieur d'Hérouval (collection Bourdot) (1).

Otolithes. — J'ai décrit un certain nombre d'otolithes provenant pour la plupart de l'Yprésien supérieur d'Hérouval (2). Ce sont :

Muraenidés : *Otolithus* (*Congeris*) *Papointi* Priem. Hérouval (Oise) et Yprésien d'Aizy (Aisne).
Siluridés : *O.* (*Siluridarum*) *incertus* Priem. Hérouval.
Percidés : *O.* (*Serranus*) sp. Hérouval.
O. (*Dentex*) *dubius* Priem. Hérouval.
O. (*Percidarum*) *concavus* Priem. Hérouval.
O. (*Percidarum*) *obtusus* Priem. Aizy.
O. (*Apogoninarum*) *orbicularis* Priem. Hérouval
Trachinidés : *O.* (*Trachini*) *Thevenini* Priem. Hérouval.
O. (*Trachini ?*) sp. Hérouval.
Otolithus ? incertæ sedis. Hérouval.

Ils indiquent la présence dans l'Yprésien de Muraenidés, de Siluridés, de Percidés et de Trachinidés.

Les Muraenidés, Percidés et Trachinidés ne sont connus jusqu'ici dans cet étage que par ces otolithes.

Résumé. — La faune ichthyologique des couches yprésiennes du bassin parisien est très riche.

Les Élasmobranches sont nombreux. Les Squales de la famille des Lamnidés appartiennent pour la plupart à des espèces déjà connues dans les niveaux moins élevés. Les Carchariidés deviennent nombreux. On voit apparaître les Pristidés.

Les Téléostomes marins comprennent des Acipenséridés, des Pycnodontes, des Muraenidés, des Percidés, des Scombridés, des Xiphiidés, des Trachinidés et sur-

(1) Récemment M. Leriche a confirmé l'âge yprésien du gisement de Pourcy (Sur la faune ichthyologique et sur l'âge des faluns de Pourcy (*C. R. Acad. Sc.*, t. CXLV, 1907, 2e sér., p. 442-444). Il cite dans ce gisement : *Labrodon trapezoidalis* Leriche, *Phyllodus* cf. *toliapicus* Ag., *Egertonia isodonta* Cocchi, *Lepidosteus suessionensis* P. Gervais, *Amia* (*Pappichthys*) *Barroisi* Leriche sp., *Carcharias* (*Physodon*) *secundus* Winkler sp., *Odontaspis cuspidata* (var. *Hopei*) sp. *Od. macrota* Ag. sp. (= *O. elegans* Ag.), *Lamna Vincenti* Winkler sp., *Myliobatis striatus* Buckland, *Pristis* sp.

(2) F. Priem, Sur les otolithes des Poissons éocènes du bassin parisien (*Bull. Soc. géol. France*, 4e sér., t. VI, p. 265-280, 51 fig.)

tout des Poissons broyeurs de coquilles : Sparidés et Labridés. Ces derniers, qui apparaissent pour la première fois, sauf le genre *Egertonia* déjà représenté en Belgique dans le Thanétien, prennent immédiatement un très grand développement.

On trouve aussi des éléments fluviatiles : le genre *Amia*, le genre *Lepidosteus* et les Siluridés du genre *Arius*.

Comparaison avec la faune ichthyologique yprésienne des régions voisines. — La faune ichthyologique de l'Yprésien de la Belgique ressemble beaucoup à celle de l'Yprésien du bassin parisien.

Les Élasmobranches sont à peu près les mêmes. On peut citer une espèce différente de *Squatina* : *S. prima* Winkler sp., un *Cestracion* (*C. Vincenti* Leriche). Les Scylliidés, à peine représentés dans le bassin de Paris, comprennent ici : *Scyllium minutissimum* Winkler sp. et *Ginglymostoma Thielensi* Winkler sp.

Les Carchariidés sont plus nombreux et comprennent *Galeocerdo latidens* Ag. *Galeus minor* Ag. sp., *G. recticonus* Winkler sp., *G. Lefevrei* Daimeries, *Carcharias* (*Physodon*) *secundus* Winkler sp., *C.* (*Physodon*) *tertius* Winkler sp. En revanche, le *Carcharodon auriculatus* Blainv. sp. du bassin parisien ne se trouve pas dans le bassin belge.

On retrouve en Belgique des *Pycnodus* sp. avec l'*Ancistrodon armatus* Gervais. Il y a des Albulidés : *Albula* (*Pisodus*) *Oweni* Owen sp. déjà signalé dans le Thanétien. Les Scombridés du genre *Cybium* sont plus nombreux que dans le bassin parisien où ils sont à peine représentés ; il y a en Belgique les espèces suivantes : *C. Bleekeri* Winkler sp., *C. Proosti* Storms, *C. Stormsi* Leriche, et de plus le genre *Sphyrænodus* (*S.* sp.).

On retrouve le *Glyptorhynchus rectus* Ag. sp.

Il y a des Clupéidés (*Halecopsis insignis* Delvaux et Ortlieb) qui manquent dans le bassin parisien, de même qu'un Percidé : *Cristigera crassa* Leriche (n. g., n. sp.). D'autres éléments qui manquent dans l'Yprésien parisien sont les Gymnodontes (*Triodon antiquus* Leriche) et les *Trichurides* (*Lophius*?) *sagittidens* Winkler.

Mais les Labridés, représentés dans le bassin belge seulement par le *Phyllodus toliapicus* Ag., sont beaucoup plus nombreux dans le bassin parisien où l'on trouve les genres *Phyllodus*, *Egertonia*, *Labrodon*. Ils donnent à l'Yprésien parisien un caractère plus littoral.

Enfin, les Murænidés et les Trachinidés, représentés par des otolithes, et dont beaucoup de types actuels vivent sur les côtes, ne sont pas pour atténuer ce caractère. On doit noter aussi l'existence dans le bassin parisien d'éléments fluviatiles : *Acipenser*, *Amia*, *Lepidosteus*, *Arius*.

En Angleterre, l'Yprésien paraît représenté par l'argile dite *London-clay* où, avec des fossiles marins, se trouvent aussi des restes de Mammifères, d'Oiseaux, de Reptiles, et des végétaux entraînés par les fleuves. Les fossiles sont surtout nombreux dans l'argile de l'île de Sheppey.

On y a recueilli de très nombreux Poissons. Les Élasmobranches comprennent le genre *Squatina*, de nombreuses espèces de *Myliobatis*, le genre *Rhinoptera* (*R. Daviesii* A. S. Woodward), le genre *Aëtobatis* (*A. irregularis* Ag.), le genre *Notidanus* (*N. serratissimus* Ag.), le genre *Xenodolamia* (*X. eocæna* A. S. Woodward sp.), le genre *Cestracion*. La plupart des espèces d'*Odontaspis*, de *Lamna* du bassin parisien se rencontrent dans le London clay, ainsi que l'*Otodus obliquus* Ag. Le genre *Carcharodon*, outre le *C. auriculatus* Blainv. sp., renferme une autre espèce : *C. subserratus* Ag. Les Carchariidés ne sont pas très abondants : *Galeus minor* Ag. sp., *Galeus* sp., *Carcharias* (*Prionodon*) *hastalis* Ag. sp.

Il y a des Holocéphales, lesquels ne se trouvent pas dans l'Yprésien parisien et belge : *Edaphodon Bucklandi* Ag., *Elasmodus Hunteri* Egerton, qui se montrent dans le Thanétien belge, et le *Psaliodus compressus* Egerton.

La faune de Téléostomes est fort riche. Il y a des Esturgeons (*Acipenser toliapicus* Ag.) comme dans l'Yprésien parisien, des Pycnodontes (diverses espèces de *Pycnodus*) et un très grand nombre de types, nommés pour la plupart par Agassiz, mais représentés souvent par des débris imparfaits. Il y a des Élopidés (genres actuels : *Elops* et *Megalops*), des Albulidés (*Albula Oweni* Owen sp., déjà signalée), des Ostéoglossidés (genre *Brychætus*), des Clupéidés (*Halecopsis insignis* Delvaux et Ortlieb, de l'Yprésien belge), des Siluridés (genre *Bucklandium*, des Murænidés (genre *Rhynchorhinus*), des Bérycidés (genre *Myripristis* actuel). Les Scombridés sont très nombreux et comprennent les genres *Eothynnus*, *Scombrinus* (voisin du *Cybium* actuel), *Eocœlopoma*, *Sphyrænodus*, *Dictyodus*, *Scombramphodon*, *Acropoma*. Il y a des Xiphiidés (genres *Xiphiorhynchus*, *Acestrus*, *Glyptorhynchus*) et des Palæorhynchidés qui ont aussi un rostre (genre *Ptychocephalus*). Les Sparidés sont représentés par le genre *Sparnodus*. Les Poissons broyeurs de la famille des Labridés présentent de nombreuses espèces du genre *Phyllodus* et aussi les genres *Egertonia* (*E. isodonta* Cocchi de l'Yprésien parisien et *Auchenilabrus*). Les Percidés sont représentés par des fragments de crâne mal connus. Enfin il y a des Scorpænidés (genre *Ampheristus*), des Blenniidés (genre *Laparus*) et des Gadidés (genres *Merlinus* et *Rhinocephalus*).

C'est une faune de caractère subtropical bien plus variée et plus riche que celle de l'Yprésien parisien et belge.

4° Époque lutétienne.

Pendant l'époque lutétienne, qui a succédé à l'époque yprésienne, la mer s'est avancée plus loin sur le bassin parisien. D'une part, elle couvrait les environs d'Épernay, et d'autre part elle dépassait Paris et arrivait jusque dans le département de l'Eure. La mer parisienne communiquait avec celle qui couvrait le bassin de Londres et une partie de la Belgique.

Élasmobranches. — Les Élasmobranches sont nombreux. Beaucoup appartiennent à des types déjà signalés dans les niveaux inférieurs et surtout dans l'Ypresien.

Genre SQUATINA. — On peut noter une dent de *Squatina Gaudryi* Priem provenant d'Hermonville près de Reims (probablement du Lutétien) [collection Deshayes, Muséum].

Genre PRISTIS. — Les Poissons-Scie du genre *Pristis*, déjà signalés dans l'Ypresien, ont laissé des dents rostrales dans le Lutétien [collection du Muséum : Visigneux (Oise), calcaire grossier, et environs de Soissons]. P. Gervais a donné à ces débris le nom de *Pristis parisiensis*. Suivant M. Leriche, cette espèce ne se distingue en rien de *P. Lathami* Galeotti du Bruxellien (1).

Des dents analogues proviennent de Vauxbuin (Aisne), Chaumont-en-Vexin et Parnes (Oise), Vaugirard (Seine). M. Leriche cite comme localité Saint-Gervais (Seine-et-Oise).

Enfin je rapporte au genre *Pristis* des vertèbres avec nombreux cercles concentriques, à tranche assez compacte, provenant du calcaire grossier de Chaumont-en-Vexin (Oise) et de Berchères-sur-Vespres (Seine-et-Marne) [collection Bourdot]. Une de ces vertèbres est ici figurée.

Fig. 52. — Vertèbre de *Pristis*, vue de face et de profil, grandeur naturelle. Lutétien de Chaumont-en-Vexin (Oise) [coll. Bourdot].

Genre RAJA. — L. Graves a cité dans le calcaire grossier d'Ully-Saint-Georges (Oise) des boucles de Raies sous le nom de *Raja echinata* Pomel (2). C'est une espèce nominale qui n'a été ni décrite ni figurée. Une vertèbre de Raie provient de Chaumont (Oise) [coll. d'Orbigny, Muséum].

Genre TRYGON. — Les Raies armées du genre *Trygon* paraissent être représentées dans le Lutétien parisien. Je rapporte à ce genre une dent trouvée dans le calcaire grossier de Cahaignes (Eure) [collection Bourdot]. Elle est ici figurée (fig. 53).

Fig. 53. — *Trygon* sp. Dent au double de la grandeur. Lutétien inférieur de Cahaignes (Eure) [coll. Bourdot].

M. Leriche (3) cite à Parnes (Oise) des piquants qu'il rapporte à *Trygon? pastinacoides* van Beneden.

Les Raies du genre *Trygon*, ou Pastenagues, pourvues de robustes aiguillons dentelés, sont communes aujourd'hui dans les mers chaudes ; quelques espèces habitent les fleuves de l'Amérique du Sud. Sur les côtes de France, on trouve la *Trygon vulgaris* Risso qui atteint $1^{m},50$ de long, et la *T. violacea* Bonaparte qui fréquente les côtes de la Méditerranée.

Genre MYLIOBATIS. — Les dentitions et les chevrons isolés de Myliobates ne sont pas rares dans le Lutétien. On peut noter ainsi :

M. Dixoni Ag. Nanterre (Seine), Chaumont-en-Vexin (Oise) (pl. II, fig. 6), et aussi, d'après M. Leriche, Damery (Marne) et environs de Soissons (Aisne) ; Hermonville (Marne) [coll. Bellevoye].

(1) M. LERICHE, Contribution, p. 181 et 355.
(2) L. GRAVES, *Loc. cit.*, p. 590.
(3) M. LERICHE, Contribution, p. 357.

M. toliapicus Ag. Chaumont, Parisifontaine, Houdainville, Clairoix, Villers-Saint-Paul, Gilocourt (Oise) (d'après L. Graves) ; Damery, Fleury-la-Rivière (Marne) (d'après M. Leriche).

M. sp. (chevrons isolés), Gentilly (Seine) ; Banthelu, Chaussy, Guiry (Seine-et-Oise) ; Chaumont-en-Vexin, Trolly-Breuil, Parnes (Oise) ; Vauxbuin (Aisne) ; Cahaignes (Eure).

Des aiguillons de *Myliobatis* proviennent des environs de Soissons (1) et de Fontenay-Saint-Père (Seine-et-Oise) [collection de Géologie du Muséum].

Genre Rhinoptera. — M. Leriche (2) rapporte aux Batoïdes du genre *Rhinoptera* (*Zygobates*) *R. Daviesi* A. S. Woodward des débris provenant des environs de Soissons (Yprésien ou Lutétien).

Genre Aëtobatis. — Nous retrouvons l'*Aëtobatis irregularis* Ag. dans de nombreuses localités : Vaugirard (Seine) ; Banthelu, Fontenay-Saint-Père, Chaussy (Seine-et-Oise); Chaumont-en-Vexin, Parnes (3) (Oise) ; Lombray, Saint-Aubin, les environs de Soissons (3), Vauxbuin, Trosly-Loire (Aisne) ; Cahaignes (Eure).

Genre Scyllium. — On trouve des dents de Roussettes du genre *Scyllium* dans le calcaire grossier de Chaumont [collection Bourdot (pl. IV, fig 8)] et à Berzy-le-Sec et Vauxbuin (Aisne) [collection Watelet, Muséum, probablement Lutétien inférieur].

Lamnidés. — Genre Odontaspis. — Les dents de Lamnidés sont très abondantes et appartiennent à des espèces déjà signalées :

Odontaspis elegans Ag. sp. (sens strict). Vaugirard, Vanves, Arcueil, Issy, Nanterre (Seine) ; Avernes, Guiry, Grignon, Banthelu, Fontenay-Saint-Père, Vetheuil, Chaussy (Seine-et-Oise) ; Vernet (Seine-et-Marne) ; Parnes, Chaumont-en-Vexin, Ully-Saint-Georges, Bitry (Oise) (4) ; Vauxbuin, Trosly-Loire, Berzy-le-Sec (Aisne) ; Cahaignes (Eure) (5) ; Hermonville (Marne) [coll. Bellevoye]. On doit sans doute rapporter à cette espèce les dents désignées par quelques auteurs comme *O. contortidens* Ag. et *O. acutissima*.

(1) P. Gervais, Zool. et Pal. franç., 1re édit., 1848-52. Expl. Poiss. foss., p. 15, pl. LXXIX, fig. 11 ; 2e édit., 1859, p. 518.

(2) M. Leriche, Contribution, p. 307.

(3) M. Leriche, *Ibid.*, p. 357. Lombray et Saint-Aubin appartiennent au gravier de base du Lutétien ; les environs de Soissons au Lutétien.

(4) L. Graves (p. 589) cite sous le nom d'*O. contortidens* des dents probablement d'*O. elegans* à Chaumont, Ponchon, Babœuf, Villers-Saint-Paul, Précy, Gilocourt (Oise).

(5) E. Goubert (*Bull. Soc. géol.*, 2e sér., t. XVII, 1859, p. 146) cite aussi *O. contortidens* dans le calcaire grossier du canton d'Écos (Eure), et M. Coulon, *Loc. cit.*, p. 29, à Gisors (Eure). L. Graves cite à Parisifontaine et Liancourt sous Clermont, et E. Goubert dans le canton d'Écos *O. acutissima* Ag.

La variété *striata* (*Lamna striata* Winkler sp.) se trouve à Chaussy (Seine-et-Oise) [collection Bourdot].

Od. cuspidata Ag. sp. (var. *Hopei*). Vaugirard, Vanves, Arcueil (Seine), base du calcaire grossier ; Banthelu, Guiry, Grignon, Vetheuil, Chaussy (Seine-et-Oise) ; la Croix-Blanche (Seine-et-Marne) ; Chaumont-en-Vexin, Liancourt, Noailles, Parnes, le Val, Bitry (Oise) ; Vauxbuin, Berzy-le-Sec (Aisne) (1), Cahaignes (Eure) (2) ; Hermonville (Marne) [coll. Bellevoye].

Od. crassidens Ag. Parnes (Oise) ; Lombray, Berzy-le-Sec, Cœuvres, Vauxbuin (Aisne) (3).

Od. Winkleri Leriche. Vetheuil, Banthelu (Seine-et-Oise) ; Chaumont, Parnes (Oise) ; Lombray (Aisne) (4).

Lamna macrota Ag. sp. (sens strict). Arcueil, Issy, les Moulineaux, Vanves, Vaugirard, Javel, Paris-Plaisance (Seine) ; Avernes, Banthelu, Guiry, Chaussy, la Hauteville, Tessancourt, Vetheuil, Fontenay-Saint-Père (Seine-et-Oise); la Croix-Blanche (Seine-et-Marne) ; Chaumont-en-Vexin, Bitry, Boury, Noailles, Parnes, Trolly-Breuil, Berzy-le-Sec, Trosly-Loire (Oise) ; Saint-Pierre-Aigle, Septmonts, Vauxbuin (Aisne); Cahaignes (Eure) (5); Pevy, Chenay (Marne) [coll. Molot et Bellevoye, Reims].

L. Vincenti Winkler sp. Chaumont-en-Vexin, Guiry, Liancourt, Parnes (Oise) ; Berzy-le-Sec, Vauxbuin (Aisne) ; Cahaignes (Eure) (6).

L. verticalis Ag. Cahaignes (Eure) (7).

Otodus obliquus Ag. Département de l'Aisne [coll. Vinchon] (8).

(1) M. Leriche (Contribution, p. 357) cite aussi dans l'Aisne le gravier de base du Lutétien à Lombray, Saint-Aubin, Blérancourdelle.

(2) Goubert, *Loc. cit.*, cite le calcaire grossier du canton d'Écos (Eure).

(3) D'après M. Leriche, p. 358.

(4) Cette localité est signalée d'après M. Leriche, p. 357.

(5) L. Graves cite aussi *L. macrota* (p. 588) à Parisifontaine, Larbroy, Gilocourt (Oise), et *L. elegans*, probablement dents antérieures de *L. macrota* (p. 589) à Hénouville, Châteaurouge (Oise). A ajouter aussi les localités suivantes notées par M. Leriche : Meudon, Grignon (Seine-et-Oise) ; Babœuf, Liancourt, Cauvigny, Ponchon, Précy, Villers-Saint-Paul (Oise) ; Chenay, Damery, Fleury-la-Rivière, Hermonville (Marne).

E. Goubert cite le calcaire grossier du canton d'Écos (Eure).

(6) M. Leriche (p. 359) cite les localités de Blérancourt, Blérancourdelle, Cœuvres, Saint-Aubin (Aisne), Fleury-la-Rivière, Hermonville (Marne). Il distingue une variété *inflata* à Laon (Aisne) et Fleury-la-Rivière (Marne). L. Graves signale à Chaumont, le Vivray, Villers-Saint-Paul des dents qu'il appelle *Lamna compressa* Ag. ; il s'agit probablement de *L. macrota* ou de *L. Vincenti* ; de même pour les dents du calcaire grossier d'Écos appelées ainsi par E. Goubert.

(7) M. Leriche cite (p. 358-359) Bitry, Parnes (Oise).

(8) M. Leriche cite (p. 360) Trosly-Loire, Vauxbuin (Aisne), Hermonville (Marne).

Otodus obliquus (*Hypotodus*) *trigonalis* Jaekel sp. Fleury-la-Rivière (Marne) [d'après Leriche].

Oxyrhina Desori Ag. Issy (Seine) ; Vauxbuin, Berzy-le-Sec, Saint-Pierre-Aigle (Aisne) [collection du Muséum].

— *nova* Winkler sp. Liancourt (Oise) [d'après Leriche].

— sp. Vaugirard (Seine) ; Fontenay-Saint-Père (Seine-et-Oise) ; Chaumont-en-Vexin, Bitry (Oise); Vauxbuin, Berzy-le-Sec, environs de Soissons (Aisne) (1).

— sp. (*Otodus apiculatus* Ag.). Vetheuil (Seine-et-Oise) [d'après Agassiz]; Chaumont-en-Vexin, le Vivray, Bresles, Sandricourt, le Mont-César près Bailleu-sur-Thérain, Crisolles, Rivecourt, Villers-Saint-Paul (Oise) [d'après Graves, p. 588]; Écos (Eure) [d'après Goubert].

Carcharodon auriculatus (2) Blainv. sp. (pl. III, fig. 7). Environs de Paris Vanves, Issy (Seine) ; Banthelu, Fontenay-Saint-Père (Seine-et-Oise); Chaumont-en-Vexin, le Vivray (Oise); Vauxbuin, Trosly-Loire (Aisne) (3); Cahaignes (Eure).

— *auriculatus* (var. *disauris* Ag.). Issy (Seine) ; Chaumont-en-Vexin, Parnes (Oise); Trocsnes (Aisne) [coll. Paul Fritel].

CARCHARIIDÉS. — Genre GALEOCERDO. — Les Carchariidés ont pénétré dans le bassin parisien pendant l'époque yprésienne et s'y maintiennent pendant l'époque lutétienne.

Le genre *Galeocerdo* est représenté par *G. latidens* Ag., déjà signalé. On en trouve les dents à la base du calcaire grossier à Vauxbuin (Aisne), également à Chaumont-en-Vexin (Oise) (4), Cahaignes (Eure).

Genre CARCHARIAS. — Il y a aussi des *Carcharias*.

Je rapporte avec quelque doute au genre *Carcharias*, sous-genre *Prionodon*, deux

(1) L. GRAVES cite des dents d'Oxyrhines sous le nom d'*O. hastalis* Ag. à Chaumont, Gypseuil, Hermes, Neuilly-sous-Clermont, Thiescourt (Oise).

(2) B. FAUJAS SAINT-FOND avait signalé une grosse dent crénelée trouvée par DENIS MONTFORT dans une carrière de Montrouge. Il l'a appelée *Squalus carcharias* et la comparait aux dents de *Carcharodon* trouvées à Dax, à Malte, etc. Il s'agit probablement d'une dent de *Carcharodon auriculatus* Blainv. sp. Voir FAUJAS SAINT-FOND, Mémoire sur une grosse dent de Requin et sur un écusson fossile de Tortue trouvés dans les carrières des environs de Paris (*Ann. Mus. d'Hist. nat.*, t. II, an XII [1803], p. 103-109, pl. XXXIX).

(3) M. LERICHE (p. 360) cite les localités de Parnes (Oise), Berzy-le-Sec (Aisne). L. GRAVES (p. 588) cite à Chaumont et Crisolles (Oise) le *C. heterodon* Ag., à Chaumont le *C. toliapicus* Ag. et le *C. leptodon* Ag. Ces trois espèces d'AGASSIZ sont synonymes de *C. auriculatus*. E. GOUBERT cite aussi *C. heterodon* à Écos (Eure).

La dent de *Carcharodon* de la Montagne de Paris près Soissons (Lutétien inférieur) figurée par P. GERVAIS comme *C. disauris* Ag. (Zool. et Pal. franç., 1re édit., Expl. Poiss. foss., p. 11, pl. LXXIV, fig. 6, et 2e édit., p. 520) est une dent de *C. auriculatus*. AGASSIZ (Rech. Poiss. foss., t. III, p. 254), à propos de *C. sulcidens*, dit qu'une dent de cette espèce provenait de Soissons. Il doit y avoir erreur; *C. sulcidens* Ag. = *C. Rondeletii* Müller et Henle, espèce actuelle datant du Tertiaire supérieur.

(4) M. LERICHE, Contribution, p. 362, cite Parnes (Oise).

dents imparfaitement conservées provenant de Banthelu (Seine-et-Oise) [collection Lemoine, Muséum].

M. Leriche (1) a cité à Lombray (Aisne) dans le gravier de base du Lutétien et dans le Lutétien de Berzy-le-Sec (Aisne) des dents de *Carcharias* (*Physodon*) *secundus* Winkler sp. et aussi à Berzy-le-Sec des dents de *Carcharias* (*Physodon*) *tertius* Winkler sp. ; ce sont deux espèces de l'Yprésien et du Lutétien de Belgique.

Genre Galeus. — Ce genre est représenté par :

Galeus (*Galeocerdo*) *minor* Ag. sp. Banthelu (Seine-et-Oise) ; Parnes, Chaumont-en-Vexin, Liancourt, Trolly-Breuil (Oise) ; Vauxbuin, Septmonts (Aisne) (2).

On trouverait aussi, d'après M. Leriche, dans le Lutétien de Vauxbuin (2) (Aisne), des dents de *Galeus recticonus* Winkler sp. de l'Yprésien et du Lutétien de Belgique.

Enfin on recueille des vertèbres de Squales en diverses localités, telles que Vauxbuin (Aisne), Banthelu, Chaussy (Seine-et-Oise).

Téléostomes. On a trouvé dans le calcaire grossier des environs de Paris un certain nombre d'empreintes de Téléostomes. Des empreintes de ce genre avaient été signalées dès le XVIIIe siècle par Davila. Dans le tome III de son Catalogue (3), on trouve la nomenclature d'Ichthyolites ou Poissons fossiles de Normandie : Malte, Glaris, Œningen, Pappenheim, etc. On y lit ce qui suit : « La portion du squelette d'une autre espèce de Poisson, dont la tête et la queue manquent, imprimée en creux dans une pierre calcaire trouvée à 75 pieds de profondeur dans une carrière de pierre de taille des environs de Saint-Denis ; elle porte dix pouces de long sur sept dans sa plus grande largeur et conserve une partie de ses arêtes enclavées dans la pierre, tandis qu'il ne reste que l'empreinte des autres ».

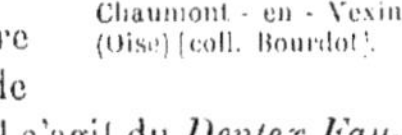

Fig. 54. — *Pycnodus* sp. Fragment de dentition mandibulaire, grandeur naturelle. Lutétien de Chaumont-en-Vexin (Oise) [coll. Bourdot].

Faujas Saint-Fond (4) s'est occupé des fossiles du calcaire grossier. Il étudia un Poisson trouvé dans une carrière de Nanterre et qu'il regardait comme voisin des Coryphènes. Il s'agit du *Dentex Faujasi* Ag. Blainville (5) avait regardé ce Poisson comme voisin des Labres.

C'est Agassiz (6) surtout qui s'est occupé des Téléostomes du calcaire grossier.

(1) M. Leriche, Contribution, p. 361.

(2) Ces localités de Septmonts et de Vauxbuin (pour *G. recticonus*) sont citées par M. Leriche, p. 361.

(3) Catalogue systématique et raisonné des curiosités de la nature et de l'art qui composent le cabinet de M. Davila, Paris, 1767, 3 volumes (c'est, d'après la préface (p. v), Romé de l'Isle qui a rédigé toute la partie du catalogue relative à l'histoire naturelle), p. 211-212.

(4) B. Faujas Saint-Fond, Mémoire sur un Poisson fossile trouvé dans une des carrières de Nanterre près de Paris (*Ann. Mus. d'Hist. nat.*, t. I, an XI [1802], p. 353-356, 1 pl.).

(5) H. D. de Blainville, Sur les Ichthyolites ou les Poissons fossiles. Extr. *Nouv. Dict. d'hist. nat.*, vol. XXVIII, 1818, p. 24-25.

(6) L. Agassiz, Recherches sur les Poissons fossiles, t. IV, 1833-34.

P. Gervais (1) en a également décrit deux : l'*Acanthurus Duvali* et le *Zanclus eocænus*.

Genre PYCNODUS. — Les Pycnodontes ont laissé dans le calcaire grossier des fragments de dentition et des dents isolées.

Ici se trouve représenté (fig. 54) un fragment de dentition mandibulaire droite de *Pycnodus* sp. provenant de Chaumont-en-Vexin (collection Bourdot). Il comprend trois dents principales et trois dents ovales plus petites. Des dents isolées proviennent de Chaumont-en-Vexin, Liancourt (Oise), de Vauxbuin, Heilles (Aisne), de Cahaignes (Eure).

Genre ANCISTRODON. — Les dents appelées *Ancistrodon armatus* P. Gervais sp., peut-être dents préhensiles de Pycnodontes, ont été trouvées dans l'Yprésien. Elles se montrent aussi dans le Lutétien de Banthelu (Seine-et-Oise), Chaumont-en-Vexin, Noailles, Parnes (Oise), Cahaignes (Eure).

Genre LEPIDOSTEUS. — Le genre *Lepidosteus*, déjà représenté dès le début de la série éocène, se trouve aussi dans le Lutétien. Agassiz a donné le nom de *Lepidosteus* (*Lepidotus*) *Maximiliani* à des écailles lisses recueillies par Max Braun dans les marnes du calcaire grossier près de la barrière des Fourneaux à Paris-Vaugirard.

L. Graves a cité aussi cette espèce mal connue dans la glauconie inférieure de Canny-sur-Matz et de Montgerain (Oise).

Au Muséum, il y a des débris d'écailles de *Lepidosteus* provenant de Provins (Seine-et-Marne), probablement du calcaire grossier.

Genre ALBULA. — Les Poissons du genre *Albula* ont laissé des dents triturantes. Ces dents sont appelées *Albula* (*Pisodus*) *Oweni* Owen sp. et se trouvent, d'après M. Leriche (2), à Saint-Aubin (Aisne), gravier de base du Lutétien, et dans le calcaire grossier des environs de Soissons.

Genre NOTOGONEUS. – M. Vinchon m'a communiqué un petit Poisson provenant du calcaire grossier supérieur, bancs d'eau douce, de Brasles, canton de Château-Thierry (Aisne).

Ce petit Poisson (pl. III, fig. 10) est très imparfait ; la tête est écrasée et la queue manque. On voit la colonne vertébrale et les côtes. Il y a des traces des pectorales et les ventrales bien conservées avec les os du bassin. La dorsale est reculée ; elle est formée de rayons non épineux en partie conservés et se trouve au niveau des ventrales. L'anale n'est pas visible ; elle devait être très reculée. Il y a des traces d'arêtes intermusculaires. En somme, le Poisson de Brasles paraît avoir des rapports, par sa forme allongée et sa nageoire dorsale opposée aux ventrales, avec le genre *Notogoneus* Cope (= *Sphenolepis* Ag., nom préoccupé) que nous retrouverons dans l'Oligocène.

(1) P. GERVAIS, Zool. et Pal. franç., 1re édit., 1848-52. Expl. Poiss. foss., p. 8, pl. LXXII, fig. 1-5; 2e édit., 1859, p. 515 et 531.

(2) M. LERICHE, *Loc. cit.*, p. 362.

Une région caudale de *Notogoneus*, trouvée aussi à Brasles, appartient à un exemplaire plus grand.

Genre Arius. — Les Siluridés du genre *Arius* déjà signalés dans l'Yprésien ont laissé des piquants dans les couches lutétiennes. Notamment, d'après M. Leriche, à Vauxbuin (Aisne). Le même auteur (1) pense qu'on doit rapporter à ce genre l'aiguillon des environs de Soissons appelé par P. Gervais avec doute *Myliobatis canaliculatus* Ag.

Genre Cybium. — Le genre de Scombridés actuel appelé *Cybium* et signalé déjà plus haut dans l'Yprésien paraît avoir fréquenté les eaux lutétiennes du bassin parisien. Je rapporte à ce genre une dent provenant de Banthelu (Seine-et-Oise) [collection Lemoine, Muséum] (fig. 55).

Fig. 55. — *Cybium* sp. Dent au triple de la grandeur. Lutétien de Banthelu (Seine-et-Oise) [coll. Lemoine, Paléontologie, Mu-

La collection du Muséum renferme une suite de grandes vertèbres (pl. II, fig. 7), au nombre de huit, dont sept bien conservées, présentant de chaque côté deux fossettes profondes. Leur longueur est de $3^{cm},5$ à 4 centimètres et leur hauteur maxima est à peu près la même. Deux de ces vertèbres présentent un reste d'apophyse inférieure. Toutes ont de fortes apophyses neurales.

Il s'agit d'un Scombridé, peut-être du genre *Cybium*, provenant du calcaire grossier de Paris (2).

Palæorhynchidés. — Genre Palæorhynchus. — Avec la période éocène apparaît un type de Poissons dont le corps est allongé ; les deux mâchoires se prolongent en un rostre développé. La nageoire caudale est fourchue. Les nageoires dorsale et anale sont très longues et composées de faibles épines. Les nageoires paires les plus développées sont les nageoires pelviennes qui sont thoraciques.

Ces Poissons ressemblent aux Poissons-Épée ou Xiphiidés. Ils en diffèrent en ce que le rostre, chez ces derniers, n'est formé que par les prémaxillaires extrêmement longs, et en ce que, chez les Xiphiidés, les nageoires pelviennes sont petites ou absentes.

Le genre *Palæorhynchus*, dont le nom est dû à Blainville, a été découvert d'abord dans l'Oligocène de Glaris, en Suisse. Agassiz avait décrit un Poisson du calcaire grossier parisien sous le nom d'*Hemirhynchus Deshayesi* (3). Suivant lui, le genre *Hemirhynchus* différait du genre *Palæorhynchus* en ce que les deux mâchoires n'étaient pas égales ; la mandibule était notablement plus courte que le rostre.

Cette distinction ne paraît pas être fondée, et il faut, avec P. Gervais, considérer

(1) M. Leriche, Contribution, p. 263, P. Gervais, Zool. et Pal. franç., 1re édit., 1848-52. Expl. Poiss. foss., p. 15, pl. LXXIX, fig. 11 ; 2e édit., 1859, p. 518.

(2) Cette pièce porte le n° 11205 du catalogue, avec cette indication : « *Istiophorus*, empreinte de Poisson fossile du calcaire grossier de Paris, donné par M. Deshayes en 1828 ». Il y a aussi une autre indication : « Scombéroïde nouveau ».

(3) L. Agassiz, Recherches sur les Poissons fossiles, t. V, 1re partie, 1837-44, p. 87-88, pl. XXX.

Hemirhynchus comme synonyme de *Palæorhynchus* (1). P. Gervais a figuré en effet un exemplaire de l'espèce d'Agassiz provenant du calcaire grossier de Nanterre et où les deux mâchoires sont sensiblement égales ; le prétendu genre *Hemirhynchus* ne correspondrait donc qu'à des individus dont la mandibule est incomplète.

L'espèce a été retrouvée à Nanterre en 1855 par Hébert (2) qui parle d'un individu auquel il attribue une longueur d'environ 1 mètre.

Le plus souvent, les exemplaires de *Palæorhynchus Deshayesi* Ag. sp. ne dépassent pas 50 centimètres.

A Puteaux, en 1872, M. Stanislas Meunier a trouvé une grande plaque de 2m,80 de longueur provenant du « banc royal » et couverte d'empreintes de *Palæorhynchus Deshayesi*. Elle se trouve sous le péristyle de la galerie de Géologie du Muséum (3) [pl. V].

M. Vinchon m'a communiqué un petit Poisson provenant des bancs d'eau douce du calcaire grossier de Brasles près Château-Thierry (Aisne). L'exemplaire est fort mal conservé (pl. III, fig. 8) ; il se trouve sur une plaque présentant des empreintes de Planorbes ; il s'agit bien du « banc vert » (calcaire grossier supérieur). On voit la colonne vertébrale, des débris de nageoires pelviennes ; la tête est écrasée, mais on distingue bien le rostre très long dont la mâchoire supérieure est plus longue que la partie conservée de la mandibule. La nageoire caudale manque. La longueur totale de ce petit Poisson est de 45 millimètres, sur lesquels le rostre a 13 millimètres. Il faut rapporter cette empreinte au genre *Palæorhynchus* et probablement à l'espèce d'Agassiz.

XIPHIIDÉS. — Genre GLYPTORHYNCHUS. — Le genre *Glyptorhynchus* (*Cœlorhynchus*), signalé pendant l'époque yprésienne, se continue pendant l'époque lutétienne.

M. Leriche (4) cite la présence de fragments de rostre de *G. rectus* Ag. sp. à Damery et Fleury (Marne).

SERRANIDÉS. — Genre LATES. — Les Serranidés sont des Poissons à rayons épineux, perciformes, et qui diffèrent des véritables Percidés par la présence de trois piquants à l'anale, tandis que les Percidés n'en ont qu'un ou deux.

Nous avons vu que, dès l'époque montienne, on trouve des Serranidés dans le bassin parisien (*Prolates Heberti* P. Gervais sp.). Ils sont alliés au genre *Lates* qui habite aujourd'hui le Nil, le Niger, le Sénégal, les estuaires et les côtes de l'Inde, de la Chine méridionale et de l'Australie septentrionale.

Agassiz (5) a décrit sous le nom de *Lates macrurus* un Poisson trouvé dans le

(1) P. GERVAIS, Zool. et Pal. franç., 1re édit., 1848-52. Expl. Poiss. foss., p. 7, pl. LXXI, fig. 2-4 ; 2e édit., 1859, p. 516.

(2) E. HÉBERT, Sur des animaux vertébrés du bassin de Paris (*Bull. Soc. géol. France*, 2e sér., t. XII, 1855, p. 349-352).

(3) STANISLAS MEUNIER, Les Poissons fossiles de Puteaux (*La Nature*, 1874, p. 360-362, une figure).

(4) M. LERICHE, Contribution, p. 364.

(5) L. AGASSIZ, Recherches sur les Poissons fossiles, t. IV, 1833-44, p. 29, pl. VI.

calcaire grossier de Sèvres et remarquable par la grande longueur du pédicule caudal. Il est conservé au Muséum, ainsi que d'autres de même provenance. A l'École supérieure des Mines et à l'École normale supérieure, il y en a des exemplaires provenant de Nanterre. Tous sont assez mal conservés.

Genre Smerdis. — Agassiz a donné le nom de *Smerdis* à de petits Poissons ressemblant aux *Lates* par le nombre de piquants de l'anale, mais n'ayant pas d'épine au préopercule et possédant une nageoire caudale fourchue, tandis que chez les *Lates* elle est arrondie. Le genre *Smerdis*, aujourd'hui éteint, se trouve dans les couches d'eau douce ou saumâtre de la période oligocène.

M. Vinchon m'a montré un petit Poisson provenant des bancs d'eau douce du calcaire grossier supérieur de Brasles près Château-Thierry (Aisne), qui paraît appartenir au genre *Smerdis* (pl. III, fig. 9).

Ce Poisson très imparfait n'a pas plus de 40 millimètres de longueur. La tête est écrasée, on voit des débris d'os operculaires dentés et aussi l'empreinte de piquants dorsaux assez longs près de la tête. Il y a une grande partie de la colonne vertébrale, mais la nageoire caudale manque. C'est certainement un Poisson Acanthoptérygien qui, par sa petite taille au moins, rappelle le genre *Smerdis* (1).

Genre Labrax. — Les Bars ou Perches de mer qui constituent le genre *Labrax* ont la nageoire caudale tronquée ou légèrement fourchue, deux nageoires dorsales dont la première formée de 8 à 10 épines ; il n'y a pas d'épine au bord postérieur du préopercule.

Les Bars habitent les côtes de l'Europe et de l'Amérique du Nord et remontent les fleuves à une certaine distance de l'embouchure. Sur les côtes de France on trouve le Bar commun ou Loup (*Labrax lupus* Cuvier) qui atteint jusqu'à 1 mètre de longueur.

Ces Poissons voraces se montrent dès l'Éocène. Agassiz a décrit une espèce, *L. schizurus* de l'Éocène supérieur du Monte Bolca en Italie, et a rapporté au même genre, sous le nom de *L. major* (2), un Poisson imparfait provenant du calcaire grossier de Passy (collection du Muséum) ; la longueur totale est de 34 centimètres, dont 31^{cm},5 jusqu'à la caudale. Des exemplaires de la même espèce proviennent de Gentilly et de Sèvres.

P. Gervais (3) a figuré sous le nom de *Labrax* un Poisson un peu moins grand trouvé dans le calcaire grossier moyen des environs de Paris (couche à zostères) et qui sans doute appartient à la même espèce.

(1) P. Gervais (*Bull. Soc. géol. France*, 2e sér., t. XII, 1851, p. 355) dit qu'il a vu des Poissons de petite espèce trouvés à Château-Thierry dans les bancs d'eau douce. Il y a reconnu des Percoïdes du genre *Smerdis*. Il s'agit peut-être de la carrière de Brasles qui a été abandonnée vers 1850, peu de temps après le commencement de son exploitation, parce que la pierre était gélive (renseignements donnés par M. Vinchon). Les Poissons de Brasles, que M. Vinchon possède, proviennent de la collection Pillois et ont été recueillis vers 1850.

(2) L. Agassiz, Recherches sur les Poissons fossiles, t. IV, 1836, p. 87, pl. XII.

(3) P. Gervais, Zool. et Pal. franç., 1re édit., 1848-52. Expl. Poiss. foss., p. 7, pl. LXXI, fig. 1 ; 2e édit., 1859, p. 516 et 531.

Sparidés. — Genre Dentex. — Le genre *Dentex* fait passage des Serranidés aux Sparidés. Le corps est comprimé, oblong ; la dorsale unique porte dix ou douze aiguillons et de neuf à douze rayons mous. L'anale porte trois piquants. La caudale est fourchue. Les pièces operculaires n'ont pas d'épines. Les mâchoires portent des dents crochues et en arrière de petites dents en velours. Ce genre habite surtout les côtes des mers chaudes. Dans la Méditerranée et occasionnellement sur nos côtes de l'Océan, on trouve le *Dentex vulgaris* Cuvier qui atteint parfois 1 mètre de long. La Méditerranée renferme aussi une plus petite espèce, *D. macrophthalmus* Bloch. Le genre *Den'ex* remonte à la période éocène ; il est représenté dans l'Eocène supérieur du Monte Bolca en Italie par plusieurs espèces.

Agassiz (1) a rapporté aussi au genre *Dentex*, sous le nom de *D. Faujasi*, un Poisson imparfait trouvé à Nanterre. C'est le Poisson, long de 23 centimètres sans la caudale, de 26^{cm},5 avec la caudale et large de 7 centimètres environ, que Faujas Saint-Fond (2) avait rapporté au genre *Coryphæna*. Mais déjà Barry (3), en 1804, avait fait remarquer que ce Poisson se rapprochait plutôt des Spares. Blainville (4) le rapprochait des Sparidés ou du genre *Labrus*.

Genre Chrysophrys. — Des dents isolées, le plus souvent rondes ou ovales, sont souvent trouvées dans le calcaire grossier et peuvent être attribuées probablement au genre Daurade ou *Chrysophrys*.

Telles sont les dents figurées par P. Gervais (5) comme provenant des marnes du calcaire grossier de Passy. Des dents semblables proviennent de Banthelu (Seine-et-Oise), de Parnes (Oise), de Liancourt (Oise) [collection Bonnet] (6), de Berzy-le-Sec, Vauxbuin (Aisne).

Genre Sargus. — Les Sparidés du genre *Sargus* ont un corps comprimé et oblong, des incisives tranchantes ressemblant à des incisives humaines et plusieurs rangées de molaires arrondies.

Ces Poissons broyeurs de coquillages habitent la Méditerranée, les parties chaudes de l'Atlantique, et aussi les côtes de l'Afrique orientale. On en connaît une quinzaine d'espèces. Sur les côtes de la Méditerranée, il y a quatre espèces de Sargues : *Sargus vulgaris* Geoffroy-Saint-Hilaire, *S. Rondeletii* Cuvier et Val, *S. vetula* Cuvier et Val., *S. annularis* Geoffroy-Saint-Hilaire. La seconde se montre

(1) L. Agassiz, Recherches sur les Poissons fossiles, t. IV, 1839, p. 150, pl. XXV (cette planche n'a jamais été publiée). — P. Gervais (Zool. et Pal. franç., 2e édit., 1859, p. 531) a simplement cité ce Poisson.

(2) B. Faujas-Saint-Fond, Mémoire sur un Poisson fossile trouvé dans une carrière de Nanterre, près de Paris (*Ann. Mus. d'Hist., nat.*, t. I, an XI [1802], p. 353-356, 1 pl.).

(3) Lettre de M. Barry, ancien commissaire général de la marine, à M. Faujas-Saint-Fond (*Ann. Mus. d'Hist. nat.*, t. V, an XIII [1804], p. 64-70).

(4) H. de Blainville, Sur les Ichthyolites ou les Poissons fossiles (Extr. *Nouv. Dict. d'hist. nat.*, vol. XXVIII, 1818, p. 24-25).

(5) P. Gervais, Zool. et Pal. franç., 1re édit., 1848-52. Expl. Poiss. foss., p. 4, pl. LXVII, fig. 22, 22*a*, pl. LXVIII, fig. 28, 29, 29*a* ; 2e édit., 1859, p. 514 et 531.

(6) L. Graves (*Loc. cit.*, p. 590) cite aussi des dents de *Chrysophrys* à Houdainville (Oise), à la base du calcaire grossier.

assez souvent dans le golfe de Gascogne. La longueur de ces Poissons atteint 25 centimètres et même 30 centimètres.

Le genre *Sargus* a commencé dans la période éocène. Je rapporte avec doute à ce genre une petite incisive trouvée à Vauxbuin (Aisne) [coll. Watelet, Muséum]. M. Leriche (1) cite des incisives de Sargue à Parnes (Oise), et pense que des molaires de Sparidés, du même gisement, pourraient appartenir à ce genre.

Trigonodon serratus P. Gervais sp. — Nous avons signalé plus haut la présence dans les couches yprésiennes d'incisives de Sparidés dont Sismonda a formé le genre *Trigonodon*. Des incisives de cette sorte avaient été appelées par Gervais *Sargus? serratus*. Jusqu'ici, le *Trigonodon serratus* P. Gervais sp. n'avait pas été signalé dans le calcaire grossier.

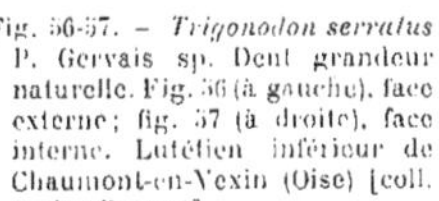

Fig. 56-57. — *Trigonodon serratus* P. Gervais sp. Dent grandeur naturelle. Fig. 56 (à gauche), face externe; fig. 57 (à droite), face interne. Lutétien inférieur de Chaumont-en-Vexin (Oise) [coll. André Bonnet].

M. André Bonnet m'a communiqué une dent de cette espèce trouvée à Chaumont-en-Vexin, dans la glauconie grossière, à la base du calcaire grossier. Elle est ici figurée (fig. 56-57). La couronne large déborde sur la racine qui est relativement basse. Le bord supérieur de la couronne est muni de crénelures délicates qui se prolongent par des plis verticaux. La largeur de la couronne au bord supérieur est de 16 millimètres; celle au bord inférieur de 11 millimètres. La hauteur de la couronne est de 6 millimètres et celle de la racine de 2 millimètres.

Je possède une dent semblable provenant du calcaire grossier inférieur de Cahaignes (Eure).

Labridés. — Les Labridés, qui étaient si nombreux dans le bassin parisien pendant l'époque yprésienne, ont disparu pendant l'époque lutétienne. Cependant, ils sont encore représentés par de rares débris de *Phyllodus*. Une pile de dents (fig. 58) provenant de ce genre a été trouvée dans le calcaire grossier inférieur de Cahaignes (Eure) [collection Bourdot].

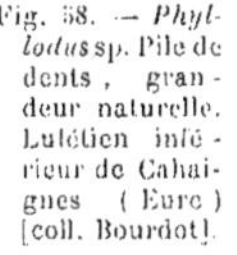

Fig. 58. — *Phyllodus* sp. Pile de dents, grandeur naturelle. Lutétien inférieur de Cahaignes (Eure) [coll. Bourdot].

Chætodontidés. — On donne le nom de Chætodontidés ou de Squammipennes à des Poissons Acanthoptérygiens qui habitent aujourd'hui les mers tropicales au milieu des récifs de Coraux. Ils broutent les Polypes de ces récifs avec leurs fines dents qui ressemblent à des scies et qui sont disposées en bandes. Ce sont ces dents sétiformes qui ont valu à ces Poissons le nom de Chætodontidés. Ces Poissons mauvais nageurs ont un corps comprimé, très élevé. Les écailles sont petites, cténoïdes et couvrent plus ou moins les nageoires médianes (de là le nom de Squammipennes). Les nageoires paires varient beaucoup au point de vue de la grandeur. Les Squammipennes ont souvent des formes étranges et des couleurs extrêmement vives et tranchées. Leur taille est toujours médiocre.

(1) M. Leriche, Contribution, p. 365.

Il y en a une douzaine de genres dont plusieurs se sont montrés dès la période éocène. Les genres *Ephippus*, *Pomacanthus*, *Scatophagus*, *Toxotes* se trouvent dans les couches du Monte-Bolca, en Italie, avec un genre aujourd'hui éteint, le genre *Pygæus*. Dans le calcaire grossier parisien, il y a aussi des Chætodontidés, d'ailleurs mal conservés.

Agassiz (1) a décrit sous le nom d'*Holacanthus microcephalus* un Poisson d'une vingtaine de centimètres de long, provenant de Châtillon près Bagneux (collection de l'École des Mines). Le genre *Holacanthus*, remarquable par la présence d'une grande épine à l'angle du préopercule, comprend aujourd'hui plusieurs espèces aux couleurs magnifiques, notamment l'*Holacanthus imperator* Bloch sp. de l'océan Indien.

Agassiz (2) a décrit sous le nom de *Macrostoma altum* un Poisson du calcaire grossier de Nanterre, à corps élevé, comprimé, à gueule très grande (de là le nom du genre). Agassiz range ce Poisson parmi les Chætodontidés en faisant remarquer qu'il rappelle les Pleuronectes par le développement considérable de la charpente osseuse. L'état de conservation du fossile ne permet pas de fixer avec certitude sa position systématique.

Fig. 59. — *Ephippus* sp.? Dessin fait d'après l'empreinte et la contre-empreinte mal conservées (grandeur naturelle). Lutétien de Nanterre (Seine) [coll. de l'École normale supérieure].

Genre Ephippus? — Dans la collection de l'École normale supérieure se trouve un Poisson du calcaire grossier de Nanterre donné par M. Videgrain (1855). Il est représenté par une empreinte et une contre empreinte. Le fossile porte cette indication, probablement de la main d'Hébert : « *Ephippus*, très voisin de *E. longispinus* Ag. de Monte Bolca (3). Elle diffère de celle-ci parce que son profil de la tête tombe un peu plus rapidement, *espèce* intéressante et qui mériterait d'être dessinée avant qu'elle devienne plus méconnaissable. »

(1) L. Agassiz, Recherches sur les Poissons fossiles, t. IV, 1839-42, p. 243, pl. XXVI, fig. 1-2.

(2) Id., *Ibid.*, p. 260, pl. XXX.

(3) Il s'agit évidemment d'*E. longipennis* Ag. qui, d'après M. A. S. Woodward (Cat., part IV, p. 559), est synonyme d'*E. rhombus* Blainville sp.

Le Poisson est en fort mauvais état. Cependant, à cause de la rareté des Téléostomes du calcaire grossier parisien, je vais le décrire. Sauf pour quelques débris, les os ne sont représentés que par leur impression sur la roche. M. Papoint, préparateur au Muséum, a bien voulu faire un dessin d'après l'empreinte et la contre-empreinte.

Le Poisson est comprimé, de forme ovale, très élevé. La longueur sans la caudale est de 9 centimètres, la hauteur maximum de 6 centimètres, sans les nageoires impaires. La tête n'est représentée que par quelques fragments et par son contour. Son profil paraît tomber très rapidement.

Les vertèbres sont visibles dans la partie antérieure surtout. On voit les apophyses épineuses d'un certain nombre et les restes de quelques côtes, ainsi que les apophyses inférieures de quelques vertèbres caudales.

La nageoire dorsale est longue. Plus d'une quinzaine de rayons interépineux sont représentés ; vers la queue, ils ne laissent plus voir que des traces. En avant, il y a deux forts rayons épineux, et tout à fait en avant il paraît y en avoir un très petit. Les rayons en question vont en décroissant de longueur vers l'arrière ; il y a une interruption due au mauvais état du fossile, car les interépineux sont continus.

Pour l'anale, on voit trace de quelques osselets interapophysaires; le premier est très vigoureux. On voit l'empreinte des deux premiers rayons de l'anale qui sont gros, et des traces de quelques autres. Pour la caudale, il y a quelques traces de la base des rayons.

Les nageoires pectorales n'ont laissé que quelques débris très peu nets. Les nageoires ventrales laissent voir seulement la partie basilaire d'un rayon très fort dont l'empreinte se continue assez loin.

Par le grand rayon des ventrales, ce Poisson rappelle le genre *Mene* (*Gasteronemus*) de la famille des Carangidés qui se trouve actuellement dans la mer des Indes et qu'on a recueilli dans le Lutétien du Monte Bolca. Mais les nageoires dorsale et anale du Poisson de Nanterre, avec leurs grands rayons épineux, sont toutes différentes et l'apparence générale rappelle les Chætodontidés du genre *Ephippus*. Ce dernier genre habite aujourd'hui les parties chaudes de l'Atlantique et l'océan Indien.

ACANTHURIDÉS. — Les Acanthuridés ou Acronuridés sont des Poissons qui habitent aujourd'hui les mers tropicales au voisinage des récifs de Coraux. Ils se nourrissent surtout de plantes marines. Ces Poissons, de taille médiocre, ont un corps élevé couvert de petites écailles, une dorsale et une anale allongées avec des piquants plus ou moins forts.

Dans le genre *Acanthurus*, ou Chirurgien, il y a de chaque côté du pédicule caudal une épine érectile. Ce genre paraît être représenté dans le calcaire grossier. P. Gervais (1) a fait connaître sous le nom d'*Acanthurus Duvali* un Poisson provenant

(1) P. GERVAIS, Zool. et Pal. franç., 1re édit., 1848-52. Expl. Poiss. foss., p. 8, pl. LXXII, fig. 1-2; 2e édit., 1859, p. 515 et 531.

des couches à zostères du calcaire grossier moyen de Vaugirard, qui avait été étiqueté par Agassiz sous ce nom encore inédit. Le genre *Acanthurus* présente aujourd'hui dans les mers chaudes un grand nombre d'espèces. L'*Acanthurus chirurgus* Bloch sp. est commun sur les côtes atlantiques de l'Amérique tropicale et de l'Afrique.

M. G. Boulenger (1) range dans la même famille le genre *Zanclus* de l'océan Indien. P. Gervais (2) a rapporté à ce genre, sous le nom de *Z. eocænus*, un Poisson du calcaire grossier de Gentilly dont un exemplaire se trouve au Muséum. Comme le précédent, il est assez mal conservé (pl. II, fig. 8).

Les Acanthuridés sont représentés dans le Lutétien du Monte Bolca par les genres actuels : *Zanclus*, *Acanthurus*, *Naseus*, et le genre éteint *Auloramphus*. Suivant G. Boulenger, cette famille forme transition des Chætodontidés aux Plectognathes.

Otolithes. — J'ai récemment décrit d'assez nombreux otolithes du calcaire grossier (3).

Ils appartiennent aux espèces suivantes :

MURÆNIDÉS : *Otolithus* (*Congeris*) *Papointi* Priem. Grignon (Seine-et-Oise) ; Cahaignes (Eure).
O. Congeris (?) sp. Bouconvillers (Oise).
OPHIDIIDÉS : *O.* (*Ophidiidarum*) *Kokeni* Priem. Grignon (Seine-et-Oise).
PERCIDÉS (sens large) : *O.* (*Serranus*) *Bourdoti* Priem. Chaussy (Seine-et-Oise).
* *O.* (*Percidarum*) *obtusus* Priem. Grignon (Seine-et-Oise) ; Parnes, Chaumont (Oise) ; Cahaignes (Eure).
O. (*Percidarum*) *angustus* Priem. Grignon (Seine-et-Oise)
* *O.* (*Percidarum*) *Kokeni* Leriche. Mouchy-le-Châtel (Oise) (4).
O. (*Apogoninarum*) *Boulei* Priem. Chaussy (Seine-et-Oise).
SPARIDÉS : *O.* (*Sparidarum*) *Sauvagei* Priem. Grignon (Seine-et-Oise).
O. (? *Dentex*) sp. Grignon (Seine-et-Oise).
TRACHINIDÉS : * *O.* (*Trachini*) sp. Grignon (Seine-et-Oise) ; Parnes (Oise).

Les Murænidés, Ophidiidés, Trachinidés ne sont connus jusqu'ici dans le Lutétien que par des otolithes. Les espèces marquées d'un astérisque ont été signalées déjà dans l'Yprésien.

Résumé. — La faune ichthyologique du Lutétien du bassin parisien a de grands rapports avec celle de l'Yprésien.

Les Élasmobranches sont à peu près les mêmes. Les différences sont peu impor-

(1) G. BOULENGER, Fishes (The Cambridge natural History), 1904, p. 668.
(2) P. GERVAIS, *Loc. cit.*, 1re édit., p. 8, fig. 48, et pl. LXXII, fig. 3-5 ; 2e édit., p. 505 et 511.
(3) F. PRIEM, Sur les otolithes des Poissons éocènes du bassin parisien (*Bull. Soc. géol. France*, 4e sér., t. VI, 1906, p. 265-280, 51 figures).
(4) M. LERICHE, Contribution, p. 364. Cette espèce se trouve dans le Panisélien (=Yprésien supérieur) et le Bruxellien (= Lutétien) de Belgique.

tantes. Les Raies du genre *Trygon* se montrent dans le Lutétien et manquent dans l'Yprésien. C'est l'inverse pour les Squales du genre *Notidanus*. Il y a aussi de petites différences pour les Squales du genre *Carcharias*.

Les Téléostomes marins comprennent comme éléments nouveaux des Albulidés (*Albula Oweni*, qui d'ailleurs se trouve dans l'Yprésien de Belgique et d'Angleterre), des Ophidiidés (représentés par des otolithes), des Palæorhynchidés, les Serranidés, les Sparidés du genre *Dentex*, les Chætodontidés et les Acanthuridés avec des espèces particulières au bassin parisien.

La faune a un caractère littoral et les deux dernières familles lui donnent un cachet tropical. Les Labridés sont bien moins développés qu'à l'époque yprésienne et ne comprennent plus que le genre *Phyllodus*.

Les Téléostomes de caractère fluviatile ou saumâtre appartiennent aux genres *Lepidosteus*, *Notogoneus*, *Arius*, *Smerdis*. Le genre *Lepidosteus* et les Siluridés du genre *Arius* étaient représentés dans la faune yprésienne, mais les genres *Notogoneus* et *Smerdis* se développent surtout pendant la période oligocène.

Comparaison de la faune lutétienne du bassin parisien avec celle des régions voisines. — Le golfe parisien communiquait avec la mer lutétienne de Belgique et du sud de l'Angleterre.

Au Lutétien de la région parisienne correspondent le Bruxellien et le Laekenien de Belgique.

Les Élasmobranches du bassin parisien se retrouvent tous dans les couches de Belgique, mais celles-ci renferment en outre d'autres éléments. On y voit des Spinacidés du genre *Isisteus* (*I. trituratus* Winkler sp.), des *Squatina* de deux espèces (*S. prima* Winkler sp., *S. crassa* Daimeries). Les genres *Rhinobatus* (*R. bruxellensis* Jaekel) et *Rhynchobatus* (*R. Vincenti* Jaekel) sont représentés. On trouve une espèce bien déterminée de Raie : *Raja Duponti* Winkler sp., et une espèce de Torpédinidé (*Narcine* sp.). Les Trygonidés sont beaucoup mieux représentés que dans le bassin parisien (*Trygon Jaekeli* Leriche, *Trygon*? *pastinacoides* van Beneden, *Urolophus* sp.). Il en est de même des Myliobatidés, car, outre les espèces du bassin parisien, il y a : *Myliobatis striatus* Ag., *M. goniopleurus* Ag., *M. acutus* Ag., *M. Oweni* Ag.

Les Squales du genre *Notidanus*, absents des couches parisiennes, sont représentés en Belgique par *N. primigenius* Ag., *N. serratissimus* Ag. Ils sont accompagnés du genre *Xenodolamia* (*X. eocæna* A. S. Woodward sp.). Il y a également des Cestraciontes : *Cestracion Vincenti* Leriche et *C.* sp.

Les Roussettes sont bien représentées en Belgique par des espèces ypresiennes (*Scyllium minutissimum* Winkler sp., *Ginglymostoma Thielensi* Winkler sp.). On trouve aussi des Carchariidés qui n'existent pas dans le Lutétien du bassin parisien : *Galeus Lefevrei* Daimeries, *Carcharias* (*Aprionodon*) *Woodwardi* Leriche, *C.* (*Prionodon*) sp., *Mustelus* sp.

Les Holocéphales n'ont pas été jusqu'ici rencontrés dans le Lutétien français, tandis qu'en Belgique on trouve l'*Edaphodon Bucklandi* Ag.

Plusieurs Téléostomes du Lutétien du bassin parisien se trouvent en Belgique :

Pycnodus sp.
Ancistrodon armatus P. Gervais sp.
Albula Oweni Owen sp.
Glyptorhynchus rectus Ag. sp.
Otolithus (*Percidarum*) *Kokeni* Leriche.
Trigonodon serratus P. Gervais sp.
Sargus sp.

Mais en Belgique il y a une espèce particulière d'*Arius* (*A. Egertoni* Dixon var. *belgicus* Leriche), des Bérycidés [*Otolithus* (*Hoplostethus*) *hexagonalis* Leriche], des Carangidés (*Semiophorus Schaerbecki* van Beneden), un grand nombre de Scombridés (*Scomber Dolloi* Leriche, *Pelamys Delheidi* Leriche, *Cybium Bleekeri* Winkler sp., *C. Proosti* Storms, *C. Stormsi* Leriche, *Sphyrænodus* sp.), tandis qu'ils sont fort rares dans le bassin parisien (*Cybium* sp.). Comme dans le bassin parisien, il y a des Palæorhynchidés (*Palæorhynchus* sp.), mais les Xiphiidés sont beaucoup plus nombreux et comprennent, outre le genre *Glyptorhynchus*, le genre *Xiphiorhynchus* (*X. priscus* Ag. sp., *X. elegans* van Beneden), et le *Brachyrhynchus solidus* van Beneden.

Un Sparidé particulier du bassin belge est : *Otolithus* (*Sparidarum*) *Rutoti* Leriche. Il y a beaucoup plus de Labridés en Belgique qu'en France dans le Lutétien (*Phyllodus toliapicus* Ag., *P. secundarius* Cocchi, *P.* sp., *Labrodon belgicus* Daimeries, *Pseudosphærodon navicularis* Winkler sp.) ; d'autres éléments qui manquent dans le Lutétien parisien sont les Balistidés (*Ostracion meretrix* Daimeries), les Gymnodontes (*Triodon antiquus* Leriche) et le *Trichiurides* (*Lophius*?) *sagittidens* Winkler.

Le Lutétien parisien renferme en revanche divers Sparidés particuliers : *Dentex Faujasi* Ag., *Otolithus* (*Sparidarum*) *Sauvagei* Priem ; des Poissons perciformes nombreux représentés soit par des empreintes (*Lates macrurus* Ag., *Labrax major* Ag.), soit par des otolithes. Ceux-ci indiquent aussi la présence de Murænidés, Ophidiidés, Trachinidés, inconnus en Belgique. Enfin le Lutétien parisien possède des Chætodontidés et des Acronuridés.

Notons aussi la faune fluviatile et saumâtre du Lutétien du bassin de Paris avec les genres *Lepidosteus*, *Arius*, *Notogoneus*, *Smerdis*.

Le Lutétien est représenté en Angleterre par les sables inférieurs de Bagshot, les couches de Bracklesham et de Bournemouth. On trouve là de nombreux Lamnidés dont les espèces se trouvent dans le Lutétien de France et de Belgique ; comme Carchariidés, il n'y a que le *Galeocerdo latidens* Ag.

Les Myliobatidés sont abondants et, outre les espèces déjà signalées, présentent : *Myliobatis latidens* A. S. Woodward, *Aetobatis marginalis* Ag., *A.* sp.). Il y a aussi des Pristidés d'espèces particulières (*Pristis bisulcatus* Ag., *P. contortus* Dixon).

Les Holocéphales sont plus nombreux qu'en Belgique (*Edaphodon Bucklandi* Ag.,

E. leptognathus Ag., *Elasmodus Hunteri* Egerton ; la première et la dernière espèce sont yprésiennes).

Les Téléostomes sont peu nombreux dans le Lutétien d'Angleterre. Outre le genre *Lepidosteus* dont on trouve des débris à Bracklesham, il y a des Siluridés (*Arius Egertoni* Dixon sp.), des Scombridés (*Cybium?* sp., *Scombramphodon* sp.), des Xiphiidés (*Glyptorhynchus rectus* Ag. sp., *Xiphiorhynchus* sp., *Histiophorus eocænicus* A. S. Woodward) et des Labridés (*Platylæmus Colei* Dixon, *Pseudosphærodon Hilgendorfi* Nœtling).

En somme, les Élasmobranches sont à peu près les mêmes en Belgique, en Angleterre et dans le bassin parisien. Ce dernier ne présente pas d'Holocéphales. Les Téléostomes sont plus nombreux en Belgique que dans le bassin de Paris et celui-ci présente à ce point de vue des caractères particuliers.

5° Époque bartonienne.

A la fin de l'époque lutétienne, le bassin parisien était occupé par des eaux saumâtres. La mer est ensuite revenue ; elle a envahi une partie de ce bassin, s'étendant moins loin vers le sud-est et le sud-ouest qu'à l'époque lutétienne. C'est ainsi que s'ouvre l'époque bartonienne. Les dépôts marins du Bartonien inférieur sont les *sables de Beauchamp*. Il y a également des dépôts lagunaires comme le *calcaire de Ducy* et des dépôts lacustres comme le *calcaire de Saint-Ouen*.

Le Bartonien supérieur renferme les *sables de Marines* et *de Cresnes* avec les Mollusques de l'argile de Barton, en Angleterre. Vers la fin du Bartonien, des lagunes ont occupé une partie du bassin ; on y trouve une formation gypseuse : la *quatrième masse* du gypse. Puis, la mer a fait un retour offensif et déposé les marnes à *Pholadomya ludensis* suivies de la *troisième masse* du gypse.

Le Bartonien inférieur est souvent appelé l'*Auversien*, de la localité d'Auvers, et le Bartonien supérieur ou Bartonien proprement dit est désigné parfois sous le nom de *Marinésien*.

Élasmobranches. — J'ai étudié récemment la faune ichthyologique du Bartonien parisien (1).

Les Élasmobranches diffèrent peu de ceux du Lutétien.

Genre Myliobatis. — Les Mourines ou Myliobates ont laissé dans le Bartonien inférieur du Fayel (Oise) des chevrons isolés et aussi des piquants. J'ai trouvé dans la collection Bourdot un piquant de *Myliobatis* du type de *M. acutus* Ag.

Dans le Bartonien inférieur du Ruel (Seine-et-Marne), il y a des chevrons qu'on peut attribuer à *M. striatus* Buckland et *M. latidens* A. S. Woodward, d'autres mal conservés de *Myliobatis* sp. Une dent latérale de *Myliobatis* sp. provient du Bartonien de Cresnes (Oise) [coll. Boistel]. De Marines (Seine-et-Oise) provient un

(1) F. Priem, Sur les Poissons du Bartonien et les Siluridés et Acipensérides de l'Éocène du bassin de Paris (*Bull. Soc. géol. France*, 4e sér., t. IV, 1904, p. 42-47, 8 fig.).

aiguillon de *Myliobatis* assez bien conservé (collection Bonnet). M. Sauvage (1) a décrit sous le nom de *M. Rivieri* une plaque dentaire supérieure de *Myliobatis* provenant des marnes à *Pholadomya ludensis* de Montmartre. Cette espèce ressemble beaucoup à *M. striatus* Buckland.

Genre Ætobatis. — On retrouve l'*Ætobatis irregularis* Ag. au Ruel dans le Bartonien inférieur (2) et à Marines dans le Bartonien supérieur.

Genre Odontaspis. — On retrouve aussi les espèces éocènes d'*Odontaspis*.

Odontaspis elegans Ag. sp. (sens strict). Bartonien inférieur : Auvers, le Fayel (Oise). Bartonien supérieur : Marines (Seine-et-Oise).

O. cuspidata (var. *Hopei*) Ag. sp. Bartonien inférieur : Auvers, le Fayel (Oise). Bartonien supérieur : Chars (Seine-et-Oise). Bartonien : Nanteuil-sur-Marne (Seine-et-Marne) [collection Lalment].

M. Leriche (3) signale au Ruel (Seine-et-Oise), Bartonien inférieur, la présence d'*O. Winkleri* Leriche var. *striata*. C'est peut-être à la même espèce qu'il faut rapporter un fragment de dent striée, à double denticule, provenant du Bartonien supérieur de Marines (Seine-et-Oise) [collection Bonnet]. Je rapporte à *Odontaspis Winkleri* une dent ayant des rapports avec *O. Rutoti* Winkler sp. et provenant de Marines (collection Lemoine, Muséum) (fig. 60).

Fig. 60. — *Odontaspis Winkleri* Leriche. Dent vue par la face interne, grandeur naturelle. Bartonien supérieur de Marines (Seine-et-Oise) [coll. Lemoine, Paléontologie, Muséum].

Je rapporte avec doute à *Od. acutissima* Ag. une petite dent striée incomplète provenant du Bartonien inférieur du Fayel (Oise) [collection Morlet, Muséum]. L. Graves (4) signale cette espèce dans « la couche inférieure des sables moyens » (Bartonien inférieur) de : Hadancourt, le Haut-Clocher, le Tomberay (Oise).

Genre Lamna. — On retrouve la *Lamna macrota* Ag. sp. dans le Bartonien inférieur d'Auvers et du Fayel (Oise), le Bartonien de Lécy-Clignon et du canton de Neuilly-Saint-Front (Aisne) [collection Vinchon] et de Nanteuil-sur-Marne (Seine-et-Marne) [collection Lalment].

Genre Oxyrhina. — On retrouve aussi l'*Oxyrhina Desori* Ag. à Auvers, le Fayel (Oise) [Bartonien inférieur].

Des dents incomplètes du Bartonien inférieur du Guépelle (Oise) [collection de Géologie du Muséum] appartiennent probablement aussi au genre *Oxyrhina*.

Genre Carcharodon. — Le *Carcharodon auriculatus* Blainv. sp. a été trouvé dans le Bartonien inférieur du Fayel (Oise).

Genre Carcharias. — J'ai rapporté au genre *Carcharias* et au sous-genre *Scoliodon*

(1) E. Sauvage, Sur un Myliobate des terrains tertiaires de Paris (*Bull. Soc. géol. France*, 3e sér., t. VI, 1878, p. 623, pl. XI, fig. 3-3a).
(2) M. Leriche, Contribution, p. 370.
(3) L. Graves, *Loc. cit.*, p. 589.

des dents obliques, sans crénelures, à base large, provenant du Bartonien inférieur du Fayel.

Des vertèbres de Squales de diverses tailles ont été trouvées au Fayel, au Ruel (Oise) et à Marines (Seine-et-Oise). Une grande vertèbre, probablement de *Carcharodon*, ayant un diamètre longitudinal de 4 centimètres et un diamètre transversal de 12 millimètres, est ici représentée (fig. 61). Elle provient du Fayel (coll. Bourdot).

Téléostomes. — Genre Amia. — Le genre *Amia*, que nous avons vu représenté dans le bassin parisien depuis le Thanétien jusque y compris l'Yprésien, a existé

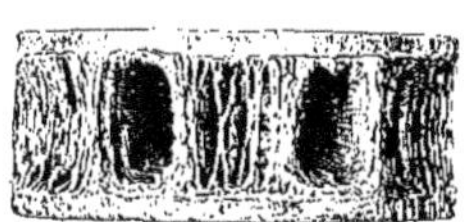

Fig. 61. — Vertèbre de Squale (*Carcharodon*), vue de face et de profil, grandeur naturelle. Bartonien inférieur du Fayel (Oise) [coll. Bourdot].

Fig. 62. — Vertèbre antérieure d'*Amia*, vue de face, grandeur naturelle. Bartonien inférieur d'Auvers (Oise) [coll. Bourdot].

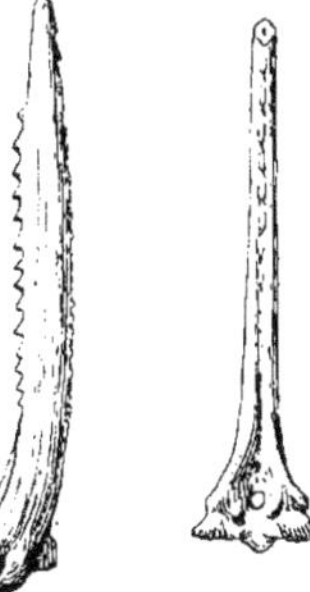

Fig. 63-64. — *Arius Bonneti* Priem. Fig. 63 (à gauche), piquant pectoral; fig. 64 (à droite), piquant dorsal: au double de grandeur. Bartonien supérieur de Berville (Seine-et-Oise) [coll. Bourdot].

pendant l'époque bartonienne. La collection Bourdot renferme une vertèbre antérieure d'*Amia* provenant du Bartonien inférieur d'Auvers; elle est ici figurée (fig. 62).

Genre Arius. — J'ai signalé la présence dans le Bartonien supérieur de Marines de piquants dorsaux et pectoraux de Siluridés que j'ai appelés *Arius Bonneti*.

La même espèce se trouve à Berville (Seine-et-Oise) dans le Bartonien supérieur. Un piquant dorsal et un piquant pectoral sont ici représentés (fig. 63-64 et pl. III, fig. 5 et 6) [collection Bourdot].

Fig. 65. — *Cybium Bourdoti*, n. sp. Dentaire droit, grandeur naturelle. Bartonien inférieur du Fayel (Oise) [coll. Bourdot].

Scombridés. — *Cybium Bourdoti* n. sp. La collection Bourdot renferme un dentaire droit de *Cybium* provenant du Bartonien inférieur du Fayel (Oise).

Ce dentaire est trapu, avec un rostre séparé par une encoche du bord inférieur. Les dents conservées sont larges et l'on voit que les dents antérieures sont plus petites que les suivantes. Par ses dents larges, ce dentaire se rapproche du *Cybium Proosti* Storms du Bruxellien, mais il s'en distingue par sa forme épaisse et par l'encoche du bord inférieur. C'est probablement une espèce nouvelle que j'appellerai *C. Bourdoti* n. sp. (fig. 65).

Autres Scombridés. — Il faut probablement rapporter à un Scombridé, et

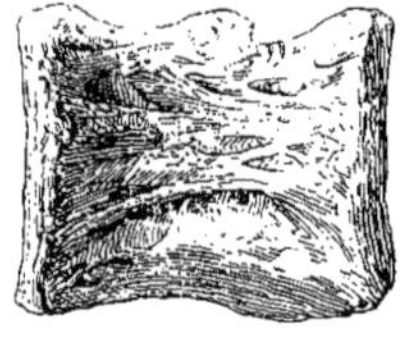
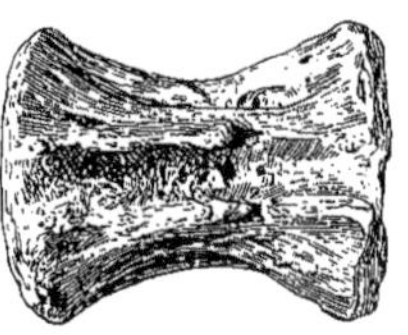

Fig. 66-67-68. — Vertèbre de Scombridé (*Cybium* ?). De gauche à droite : fig. 66, vue de face; fig. 67, vue de profil; fig. 68, vue de dessus; grandeur naturelle. Bartonien inférieur du Fayel (Oise) [coll. Bourdot].

peut-être au genre *Cybium*, de grandes vertèbres longues d'environ $3^{cm},5$ et hautes d'environ 3 centimètres provenant du Fayel (collection Bourdot). Une de ces vertèbres est ici représentée vue de profil, de dessus et en avant (fig. 66-68).

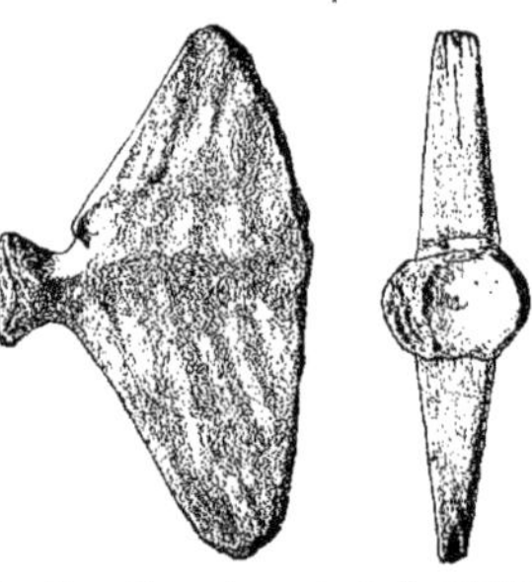
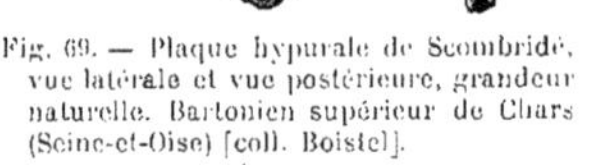

Fig. 69. — Plaque hypurale de Scombridé, vue latérale et vue postérieure, grandeur naturelle. Bartonien supérieur de Chars (Seine-et-Oise) [coll. Boistel].

Une plaque hypurale provenant du Bartonien supérieur de Chars (Seine-et-Oise) [collection Boistel] provient sans doute aussi d'un Scombridé (fig. 69).

P. Gervais (1) a figuré sous le nom de *Sciæna?* un fragment de mâchoire (os incisif) trouvé par Hébert dans le Bartonien inférieur d'Auvers (Oise). Suivant M. Leriche (2), il s'agirait d'un Scombridé voisin des genres *Cybium* et *Pelamys*.

Chrysophrys sp. — Des Sparidés du genre *Chrysophrys* se trouvent dans le Bartonien supérieur de Marines (Seine-et-Oise). La collection Bonnet renferme des dents antérieures de *Chrysophrys*, coniques, pointues, et un maxillaire supérieur avec empreinte de dents triturantes.

L. Graves (3) a cité des dents de *Chrysophrys* dans le Bartonien de Brégy (Oise).

(1) P. Gervais, Zool. et Pal. franç., 1re édit., 1848-52. Expl. Poiss. foss., p. 5, pl. LXVIII, fig. 32-32*a*; 2e édit., 1859, p. 515 et 531.
(2) M. Leriche, Contribution, p. 372.
(3) L. Graves, *Loc. cit.*, p. 587.

Acanthoptérygien indéterminé. — Des piquants de nageoire d'Acanthoptérygien se trouvent dans le Bartonien inférieur du Ruel (Seine-et-Marne) et le Bartonien supérieur de Marines (Seine-et-Oise).

Des vertèbres de Téléostomes indéterminés proviennent du Bartonien de Montmirail (Marne), du Ruel (Seine-et-Marne), de Marines (Seine-et-Oise). Dans cette dernière localité a été recueilli un maxillaire supérieur dépourvu de dents (collection Bonnet).

Résumé. — La faune ichthyologique bartonienne du bassin parisien n'est jusqu'ici que peu variée.

Les Élasmobranches sont :

Myliobatis striatus Buckland.
— *Rivieri* Sauvage.
— *latidens* A. S. Woodward.
— sp.
Aëtobatis irregularis Ag.
Odontaspis elegans Ag. sp.
— *cuspidata* (var. *Hopei*) Ag. sp.
— *Winkleri* Leriche.
— — (var. *striata*) Leriche.
— *acutissima* Ag.
Lamna macrota Ag. sp.
Oxyrhina Desori Ag.
Carcharodon auriculatus Blainv. sp.
Carcharias (*Scoliodon*) sp.

La plupart des espèces se trouvent dans les étages inférieurs. On doit noter la présence d'*Odontaspis acutissima* Ag. qu'on retrouvera à des niveaux plus élevés.

Les Téléostomes sont :

* *Amia* sp.
* *Arius Bonneti* Priem.
Cybium Bourdoti Priem n. sp.
Scombridés indéterminés.
* *Chrysophrys* sp.
Acanthoptérygien indéterminé.

Il y a là le genre d'eau douce *Amia*. Les autres Téléostomes sont des Siluridés, des Scombridés et des Sparidés. Les noms marqués d'un astérisque désignent des espèces propres au Bartonien supérieur.

Comparaison de la faune ichthyologique bartonienne du bassin parisien avec celle des régions voisines. — Le golfe parisien s'étendait sur une partie du nord de la France, de la Belgique et du sud de l'Angleterre.

Le Bartonien inférieur de Belgique et du nord de la France (Auversien ou Ledien, de Lede, en Belgique) contient d'assez nombreux Élasmobranches. Dans le nord de la France, le Ledien est bien représenté à Cassel, d'après M. Leriche (1). Les Élasmobranches sont ceux de l'Yprésien et du Lutétien. Il y a une variété nouvelle d'*Odontaspis Winkleri* : c'est la variété *inflata* Leriche, et une nouvelle espèce de *Carcharodon* : *C. Debrayi* Leriche. Les diverses espèces du Bartonien parisien s'y trouvent, sauf *Myliobatis Rivieri* Sauvage, *M. latidens* A. S. Woodward, *Odontaspis acutissima* Ag. et *Carcharias* (*Scoliodon*) sp.

Le Ledien de Cassel renferme des Holocéphales (*Edaphodon Bucklandi* Ag.). Les Téléostomes sont plus différents. On ne trouve pas, comme dans le Bartonien inférieur du bassin parisien, de Scombridés du genre *Cybium*. Mais on y rencontre l'*Ancistrodon armatus* Gervais sp. et *Pycnodus* sp. des niveaux inférieurs de l'Éocène; il y a des Xiphiidés (*Xiphiorhynchus priscus* Ag. sp., *X.* sp., *Glyptorhynchus rectus* Ag. sp.) des niveaux inférieurs, ainsi que *Trichiurides* (*Lophius*?) *sagittidens* Winkler. Des éléments nouveaux sont un Serranidé du groupe des Lutjaninés : le *Bartinia bruxelliensis* van Beneden, et un Gymnodonte : le *Diodon pulchellus* Leriche.

Le Bartonien supérieur est représenté en Belgique, d'après M. Leriche, par le Wemmélien et une partie de l'Asschien (2). Les Élasmobranches et Holocéphales sont ceux du Ledien. Des éléments qui paraissent propres au Wemmélien sont (sans compter le *Diodon pulchellus* du Ledien, *Pseudosphærodon navicularis* Winkler sp., *Sphyrænodus* sp. du Lutétien), des Murænidés (*Eomyrus Dolloi* Storms) et des Serranidés (*Serranus wemmeliensis* Storms, *Apogon macrolepis* Storms, *Ctenodentex lackenensis* van Beneden sp.). On ne trouve pas les Téléostomes du Bartonien supérieur parisien : *Amia* sp., *Arius Bonneti* Priem et *Chrysophrys* sp.

En Angleterre, le Bartonien est représenté par les sables supérieurs de Bagshot et l'argile de Barton.

Les Élasmobranches n'y présentent rien de particulier, sauf la présence dans le Barton-clay de piquants de *Myliobatis* (*M. marginalis* Ag.); les autres espèces sont connues dans les niveaux inférieurs de l'Éocène. Comme Holocéphales, il y a l'*Edaphodon leptognathus* Ag. du Lutétien.

Les Téléostomes sont intéressants. On y trouve le genre *Lepidosteus* (*L. fimbriatus* Wood), des Siluridés du genre *Arius* (*Arius Egertoni* Dixon sp., *Arius bartonensis* A. S. Woodward, *Arius crassus* Koken sp. [otolithes]). Il y a aussi des Scombridés du genre *Cybium* (*Cybium excelsum* A. S. Woodward, *C. bartonense* A. S. Woodward) et des Xiphiidés (*Glyptorhynchus rectus* Ag. sp.). La présence du genre *Arius* établit un lien entre l'argile de Barton et le Marinésien du bassin parisien. Dans les deux formations il y a des types d'eau douce : *Amia* dans le bassin parisien, *Lepidosteus* en Angleterre, types aujourd'hui américains qui ont débuté en Europe au commencement des temps tertiaires.

(1) M. Leriche, Contribution, p. 315-326.
(2) Du nom de deux localités belges.

Liste des Poissons fossiles de l'Éocène du bassin parisien.

NOMS DES ESPÈCES.	THANÉTIEN.	SPARNACIEN.	YPRÉSIEN.	YPRÉSIEN SUPÉRIEUR.	LUTÉTIEN.	BARTONIEN INFÉRIEUR (Auversien).	BARTONIEN SUPÉRIEUR (Marinésien).
Élasmobranches.							
Acanthias orpiensis Winkler sp	+						
* *Squatina Gaudryi* Priem	+		+		+		
— sp			+				
* *Pristis parisiensis* P. Gervais (? = *P. Lathami* Galeotti)				+	+		
— sp			+		+		
Raja sp	+		+		+		
Myliobatis Dixoni Ag	+		+		+		
— *goniopleurus* Ag			+				
— *latidens* A. S. Woodward						+	
— *punctatus* Ag			+			+	
* — *Rivieri* Sauvage							+
— *striatus* Buckland						+	
— *toliapicus* Ag			+	+	+		
— sp			+	+	+	+	
— *acutus* Ag. (piquant)			+				
— *canaliculatus* Ag. (piquant)			+				
— sp. (piquant)		+	+	+	+	+	+
Rhinoptera Daviesi A. S. Woodward							
— sp.?			+				
Aetobatis irregularis Ag	+				+	+	+
Trygon? pastinacoides v. Beneden					+		
— sp					+		
Notidanus sp			+				
Synechodus sp	+						
Cestracion sp			+				
Scyllium sp	+		+		+		
Ginglymostoma Thielensi Winkler			+				
— sp			+				
Odontaspis acutissima Ag						+?	
— *elegans* (sens strict) Ag. sp	+	+	+	+	+	+	+
— — (var. *striata* Winkler)	+		+?	+	+		
— *cuspidata* (var. *Hopei*) Ag. sp	+	+	+	+	+	+	+
— *crassidens* Ag. sp			+?	+	+		
— *Rutoti* Winkler		+					
— *Winkleri* Leriche sp			+	+	+		+
— — (var. *striata* Leriche)						+	+?
Oxyrhina Desori Ag			+		+?	+	
— *eocæna* A.S.Woodward (*Xenodolamia*)			+				
— *nova* Winkler sp			+		+		
— sp	+	+	+	+	+	+	
Lamna macrota Ag. sp	+	+	+	+	+	+	
— *verticalis* Ag	+			+	+		
— *Vincenti* Winkler sp	+	+	+	+	+		
— — (var. *inflata* Leriche)			+	+			
— sp		+					
Otodus obliquus Ag	+		+	+	+		
— *trigonalis* Jaekel sp					+		
Carcharodon auriculatus Blainv. sp	+		+		+	+	
— — (var. *disauris* Ag.)			+		+		
Carcharias (*Aprionodon*) sp			+?	+			
— (*Physodon*) *secundus* Winkler sp					+		
— (—) *tertius* Winkler sp				+	+		
— (*Prionodon*?) sp					+		
— (*Scoliodon*) sp						+	
Galeus (*Galeocerdo*) *minor* Ag. sp			+	+	+		
— *recticonus* Winkler sp					+		
— sp				+			
Galeocerdo latidens Ag	+		+		+		
Holocéphales.							
Edaphodon Bucklandi Ag	+						
Piquants?		+					
Chiméroïdes		+?	+				
Téléostomes.							
* *Acipenser Lemoinei* Priem				+			
Pycnodus sp	+		+	+	+		
Ancistrodon armatus P. Gervais sp			+	+	+		

NOMS DES ESPÈCES.	THANÉTIEN.	SPARNACIEN.	YPRÉSIEN.	YPRÉSIEN SUPÉRIEUR.	LUTÉTIEN.	BARTONIEN INFÉRIEUR (Auversien).	BARTONIEN SUPÉRIEUR (Marinésien).
* *Amia Lemoinei* Leriche				+			
* — (*Pappichthys*) *Barroisi* Leriche sp.			+	+			
* — *robusta* Priem	+						
— sp						+	
* *Lepidosteus Maximiliani* Ag.					+		
* — *suessionensis* P. Gervais	+	+	+	+			
— sp				+			
Albula (*Pisodus*) *Oweni* Owen sp	+				+		
* *Notogoneus* sp					+		
* *Arius Bonneti* Priem							+
* — *Dutemplei* Leriche				+			
— sp					+		
* *Cybium Bourdoti* Priem (n. sp.)						+	
— sp				+	+		
Sphyrænodus priscus Ag.?		+					
Scombridés indéterminés			+		+	+	+
* *Palæorhynchus Deshayesi* Ag. sp.					+		
Glyptorhynchus (*Cælorhynchus*) *rectus* Ag. sp.			+	+	+		
Brachyrhynchus sp				+			
* *Smerdis* sp.?					+		
* *Labrax major* Ag.					+		
* *Lates macrurus* Ag.					+		
Sargus sp.?					+?		
* *Dentex Faujasi* Ag.					+		
Trigonodon serratus P. Gervais sp			+	+	+		
Chrysophrys sp.?	+		+		+	+	+
Sparidés (dents)			+				
* *Labrodon paucidens* Priem				+			
* — *trapezoidalis* Leriche			+	+			
* — *Sauvagei* Leriche				+			
* — *Vaillanti* Priem				+			
— sp			+	+			
* *Phyllodus Gaudryi* Priem			+	+			
* — *Gervaisi* Cocchi			+				
— *marginalis*? Ag.			+				
— *speciosus* Cocchi			+				
— sp			+	+	+		
Egertonia isodonta Cocchi			+	+			
Labridés indéterminés	+			+			
Embiotocidés? indéterminés	+						
* *Holacanthus microcephalus* Ag.					+		
* *Macrostoma altum* Ag.					+		
Ephippus sp.?					+		
* *Acanthurus Duvali* P. Gervais					+		
* *Zanclus eocænus* P. Gervais					+		
Trichiurides sp ?	+						
Acanthoptérygiens indéterminés	+	+	+	+		+	+
Otolithes.							
* *Otolithus* (*Siluridarum*?) *incertus* Priem				+			
* — (*Congeris*) *Papointi* Priem			+	+	+		
— (*Congeris*?) sp					+		
— (*Ophidiidarum*) *Kokeni* Priem					+		
* — (*Monocentris*) *Lemoinei* Priem	+						
* — (*Serranus*) *Bourdoti* Priem					+		
— (*Serranus*) sp				+			
* — (*Apogoninarum*) *orbicularis* Priem				+			
* — (*Apogoninarum*) *Boulei* Priem					+		
* — (*Dentex*?) *dubius* Priem				+			
— (*Dentex*?) sp					+		
* — (*Percidarum*) *angustus* Priem					+		
* — (*Percidarum*) *concavus* Priem				+			
* — (*Percidarum*) *Kokeni* Leriche					+		
* — (*Percidarum*) *obtusus* Priem				+	+		
* — (*Sparidarum*) *Sauvagei* Priem					+		
* — (*Trachini*) *Thevenini* Priem				+			
* — (*Trachini*?) *Bellevoyei* Priem (n. sp.)	+						
— (*Trachini*) sp				+	+		
* — (*Gadidarum*) *Moloti* Priem (n. sp.)	+						
* ? *incertæ sedis*				+			

Les noms des espèces propres au bassin de Paris sont marqués d'un astérisque.

II. — PÉRIODE OLIGOCÈNE

Dans le bassin de Paris, il y a transition insensible de la période éocène à la période oligocène. Cette dernière a commencé par un régime lagunaire. Dans les lagunes où se déversaient des cours d'eau se déposait le gypse si développé aux environs de Paris.

La formation gypseuse, considérée longtemps comme éocène, est rangée maintenant pour son sommet : *première* et *seconde masses*, dans l'Oligocène (1). Elle forme la base de l'étage *sannoisien*. Nous considérerons d'abord la faune ichthyologique du gypse, et ensuite celle du Sannoisien supérieur.

1° Gypse (Sannoisien inférieur).

La présence de Poissons fossiles dans le gypse de Montmartre a été signalée d'abord en 1782 par le chevalier de Paul de Lamanon (2) qui décrivit et figura, mais d'une manière très imparfaite, un ichthyolithe de Montmartre.

De Lamétherie (3), puis Lacépède (4) décrivirent des Poissons du gypse, mais c'est Cuvier (5) qui étudia le premier avec soin les Poissons de Montmartre. Il ne leur donna pas de nom d'espèces et les désigna seulement comme « premier, second... septième Poissons des plâtrières ».

L'étude des Poissons des plâtrières fut reprise par Blainville (6) et par Agassiz (7). Enfin, il y a quelques années je me suis occupé de ces Poissons (8).

On trouve dans le gypse de Paris des Poissons marins et des Poissons d'eau douce. Les uns et les autres ont probablement été charriés à l'état de cadavres dans les lagunes où se déposait le gypse, les premiers venant de la mer, les seconds des cours d'eau (9).

(1) A. de Lapparent, Traité de Géologie, 5e édit., 1906, p. 1546.

(2) Robert de Paul de Lamanon, Description de divers fossiles trouvés dans les carrières de Montmartre, près de Paris, et vues générales sur la formation des pierres gypseuses (*Journal de Physique*, t. XIX, 1792, p. 178, pl. I, fig. 2).

(3) J. Cl. de Lamétherie, Description d'un Poisson fossile trouvé dans un bloc de gypse de Montmartre (*Journal de Physique*, t. LVII, 1803 [an XI], p. 330, pl. I).

(4) B. de Lacépède, Sur un Poisson fossile trouvé dans une couche de gypse de Montmartre, près de Paris (*Ann. du Muséum*, t. X, 1807, p. 234-235).

(5) G. Cuvier, Recherches sur les ossements fossiles, 2e édit., in-4°, 1852, t. III, p. 338-348, pl. LXXVI-LXXVII ; 4e édit. in-8°, 1835, t. V, p. 617-635, pl. CLVII-CLVIII.

(6) H. D. de Blainville, Sur les ichthyolites ou les Poissons fossiles. Extr. du *Nouv. Dict. d'Hist. nat.*, t. XXVIII, 1818, p. 68-72.

(7) L. Agassiz, Recherches sur les Poissons fossiles, t. IV, 1837 ; t. V, 2e partie, 1844.

(8) F. Priem, Sur les Poissons fossiles du gypse de Paris (*Bull. Soc. géol. France*, 3e sér., t. XXVIII, 1900, p. 841-860, pl. XV-XVI).

(9) A. de Lapparent et Léon Janet, Observations (*Bull. Soc. géol. France*, 3e sér., t. XXVIII, 1900, p. 859-860).

A. — Poissons marins.

SARGUS CUVIERI Ag. — Le genre actuel *Sargus* est représenté par une espèce dénommée par Agassiz et désignée simplement par Cuvier comme « troisième Poisson des plâtrières ». Il avait été trouvé dans la *première masse du gypse* de Montmartre. Le type a disparu; Agassiz n'avait pu l'étudier. J'ai décrit un exemplaire de même provenance conservé à la Sorbonne dans la collection de Géologie; et j'ai rapporté avec doute à la même espèce un Poisson incomplet conservé à l'École des Mines et provenant du gypse de Sannois, près Paris.

On sait que ce genre de Sparidés remonte à l'époque lutétienne.

AMPHISTIUM PARADOXUM Ag. — Sous ce nom, Agassiz a décrit un Poisson du Lutétien du Monte Bolca, en Italie. Il a une forme courte et haute, des nageoires paires petites avec les pelviennes en avant des pectorales. Les nageoires dorsale et anale sont longues et ne présentent que quelques faibles piquants. Ce Poisson est placé par G. Boulenger (1) au voisinage des Zeidés et il en fait le prototype des Pleuronectes; avant d'acquérir l'asymétrie qui les caractérise, ces derniers devaient avoir l'aspect de l'*Amphistium*.

Suivant le Dr A. Smith Woodward (2), l'*Amphistium paradoxum* aurait été trouvé à Montmartre, et un exemplaire de cette provenance, long de 0m,175, est conservé au British Museum.

B. — Poissons d'eau douce.

AMIA IGNOTA Blainv. sp. — Cuvier avait remarqué que son « premier Poisson des plâtrières » avait des rapports avec le genre *Amia* d'Amérique. Blainville appela ce fossile *Amia ignota*; Agassiz lui donna le nom de *Notæus laticaudus* et le rangea à côté des Salmones.

Plusieurs exemplaires d'*Amia ignota* se trouvent au Muséum. Le Poisson n'a pas plus de 0m,23 de long, c'est-à-dire le tiers seulement de l'*Amia calva* actuel, dont la longueur est d'au moins deux pieds (0m,66).

Cuvier, avait désigné comme « quatrième Poisson des plâtrières » un fragment conservé au Muséum; il le regardait comme ayant des rapports avec la Truite. J'ai montré que ce fragment doit être rapporté à l'*Amia ignota*.

NOTOGONEUS CUVIERI Ag. sp. — Le « sixième Poisson des plâtrières » avait, selon Cuvier, des rapports avec les Cyprinoïdes à nez proéminent, comme le Gonorhynque.

Ce Poisson fut placé par Agassiz, à cause de sa forme allongée et de la position reculée de la dorsale, dans la famille des Ésocidés, sous le nom de *Sphenolepis Cuvieri*.

Le Dr A. Smith Woodward est revenu à l'idée de Cuvier. Il place ce Poisson

(1) G. BOULENGER, Fishes (The Cambridge natural History), 1904, p. 684, fig. 417.
(2) A. SMITH WOODWARD, Catalogue, part IV, p. 435.

dans la famille des Gonorhynchidés, Poissons Physostomes ayant aujourd'hui pour unique représentant le genre *Gonorhynchus* des mers de l'Afrique du Sud, du Japon, d'Australie et de la Nouvelle-Zélande.

Le Poisson du gypse serait un Gonorhynchidé d'eau douce, comme celui de l'Éocène de Green River dans le Wyoming décrit par Cope sous le nom de *Notogoneus osculus*.

Le nom de *Sphenolepis* ayant été donné à un Insecte, M. A. Smith Woodward le remplace par celui de *Notogoneus*. *Sphenolepis Cuvieri* devient ainsi *Notogoneus Cuvieri* Ag. sp.

Ce Poisson du gypse, long de $0^m,85$, à écailles allongées et striées longitudinalement, a comme alliées une espèce du gypse d'Aix : le *Notogoneus squamosseus* Blainv. sp., et une espèce de l'Oligocène de Mayence : *N. longiceps* Meyer sp.

Le genre *Notogoneus* est répandu dans les dépôts oligocènes. Il paraît avoir apparu, comme on l'a vu plus haut, dès la fin du Lutétien.

Notogoneus sp. — J'ai rapporté à une espèce plus grande de *Notogoneus* des vertèbres du gypse de Montmartre conservées au Muséum.

Labeo? Cuvieri Priem. — Le « septième Poisson des plâtrières » a été comparé par Cuvier aux Cyprinoïdes, Carpes proprement dites et Labéons. Il avait remarqué l'existence d'une longue nageoire dorsale comme chez les Labéons. J'ai rapporté ce Poisson avec doute au genre *Labeo* actuel. Ce genre habite les eaux douces de l'Afrique tropicale et des Indes; certaines espèces ont jusqu'à 1 mètre environ de longueur, mais la plupart n'ont pas plus de $0^m,50$; il y en a même qui n'ont que 10 centimètres et sont ainsi comparables au Poisson du gypse qui n'a que 6 centimètres de longueur.

Pœcilia Lametherii Blainville. — Cuvier avait décrit comme « deuxième Poisson des plâtrières » un individu trouvé dans la *seconde masse du gypse*, et qui avait été examiné par Lamétherie et Lacépède. Cuvier le compara, à cause de la dorsale placée au-dessus d'une longue anale, au genre actuel *Pœcilia*.

Le genre *Pœcilia* comprend de petits Poissons de la famille des Cyprinodontes, habitant les cours d'eau de l'Amérique tropicale.

Blainville appela le « deuxième Poisson des plâtrières » *Pœcilia Lametherii*. L'exemplaire a disparu et il est impossible d'exprimer une opinion sur ce fossile.

Smerdis ventralis Ag. — Le genre *Smerdis*, aujourd'hui éteint, se range parmi les Serranidés à côté du genre *Lates*. On le rencontre dans les dépôts d'eau douce de la période oligocène et du commencement de la période miocène. Il paraît déjà se trouver, comme on l'a vu plus haut, dans les bancs d'eau douce du Lutétien supérieur.

Le gypse de Montmartre a fourni une espèce qui a été décrite et nommée par Agassiz. C'était, pour Cuvier, le « cinquième Poisson des plâtrières ».

Débris divers. — D'autres débris ont été trouvés dans le gypse de Montmartre; des pièces operculaires notamment paraissent appartenir à un Poisson voisin du Brochet. Un hyomandibulaire rappelle plutôt l'Orphie (*Belone*).

Sans tenir compte de ces pièces détachées et de la *Pœcilia Lametherii*, dont les affinités sont très douteuses, on voit que la faune ichthyologique de l'époque du gypse se compose de deux sortes d'éléments :

Poissons marins : *Sargus Cuvieri* Ag.
Amphistium paradoxum Ag.
Poissons d'eau douce : *Amia ignota* Blainv.
Notogoneus Cuvieri Ag. sp. *Notogoneus* sp.
Labeo ? Cuvieri Priem.
Smerdis ventralis Ag.

Cette faune d'eau douce, de caractère subtropical, comprend des éléments exotiques aujourd'hui : le genre *Amia*, réfugié dans l'Amérique du Nord ; le genre *Labeo* de l'Afrique tropicale et des Indes, et le genre *Notogoneus* dont les alliés actuels se trouvent sur les côtes de l'océan Indien et du Pacifique oriental (1).

2° Sannoisien supérieur.

Le gypse est surmonté par les *marnes bleues* auxquelles succèdent les *marnes blanches* de Pantin à *Limnæa strigosa*. Puis vient une formation de *glaises vertes* avec les *marnes à Cyrènes* à la base ; les vraies *glaises vertes* constituent le sommet de cette formation. A Villejuif une couche mince d'un calcaire oolithique se trouve vers le sommet des marnes à Cyrènes.

Le Sannoisien se termine par une formation lacustre : le *calcaire de Brie*.

Les Poissons du Sannoisien supérieur proviennent presque tous des marnes bleues et indiquent une faune d'eau douce.

Acipenser parisiensis n. sp. (pl. III, fig. 1, et pl. IV, fig. 1-4). — M. Laville, préparateur à l'École des Mines, a trouvé dans les marnes bleues de Romainville (Seine) [carrière Gauvain] les restes d'un Poisson de forte taille qui était couvert d'écussons à surface vermiculée.

Un fragment long de 18 centimètres montre les écussons vus par le dessous ; un autre fragment long de 19 centimètres et un troisième long de 16cm,5 avec des débris de nageoire montraient aussi les écussons vus par le dessous. J'ai fait dégager ces deux fragments par M. Barbier, l'habile mouleur du Muséum, et ils présentent maintenant les écussons vus par le dessus. On peut voir que ces deux fragments appartiennent chacun à un côté différent du corps ; l'inclinaison des écussons est inverse sur les deux morceaux.

(1) L. Agassiz a décrit des dents d'*Oxyrhina xiphodon* (= *O. hastalis* Ag.) provenant du gypse des environs de Paris (Rech. Poiss. foss., t. III, 1836, p. 278, pl. XXXIII, fig. 11-17). Le niveau n'est pas indiqué. Ces dents peuvent provenir ou des marnes à *Pholadomya ludensis* du sommet du Bartonien ou des couches marines qui s'intercalent dans le gypse à différents niveaux ou bien des couches marneuses qui surmontent le gypse. L. Graves cite aussi (*Loc. cit.*, p. 589) à Plailly (Oise) des dents d'*Oxyrhina xiphodon* recueillies dans « les marnes argileuses paléothériennes, au-dessus du gypse ».

Il y a de plus des écussons isolés, des fragments et un petit débris comprenant plusieurs écussons.

Ces trois grandes pièces sont représentées ici. Le n° 1 (pl. III, fig. 1) montre les écussons osseux par leur face interne lisse. C'est une suite d'écussons latéraux très épais. Les pièces n°s 2 et 3 montrent ces écussons très épais par leur face externe fortement vermiculée (pl. IV, fig. 1 et 2).

Le Poisson de Romainville est un Esturgeon dont sont conservés les écussons des flancs allongés dans le sens de la hauteur; on voit aussi des débris d'écussons dorsaux, dont deux sont représentés à part (pl. IV, fig. 3-4). La pièce n° 3 (pl. IV, fig. 1) montre un débris de la nageoire dorsale; on voit de plus des granulations de la peau. Cette pièce appartient au côté droit du corps.

Cet Esturgeon de grande taille des marnes de Romainville sera appelé *Acipenser parisiensis*, sur le désir exprimé par M. Laville.

Nous avons rencontré déjà le genre *Acipenser* dans le Thanétien du bassin de Paris (*A. Lemoinei* Priem). Il a été signalé aussi dans le London clay de Sheppey (*A. toliapicus* Ag.) et l'Oligocène de l'île de Wight (*Acipenser* sp.)

Notogoneus (Sphenolepis) aff. Cuvieri Ag. sp. — Au Muséum (Cat. 1900-2) se trouvent plusieurs Poissons incomplets (pl. III, fig. 4) recueillis par M. Dumangin à Bagnolet « dans les marnes supragypseuses ». D'après la gangue, il s'agit bien des marnes bleues.

Les individus sont imparfaits; les mâchoires n'existent plus. On voit le sous-opercule avec des fentes profondes sur le bord postérieur, comme dans le genre *Notogoneus*, des écailles à bord postérieur pectiné, une partie des vertèbres, la dorsale très reculée, l'anale et la caudale légèrement bifurquées. Suivant toute apparence, il s'agit de l'espèce d'Agassiz, *Notogoneus Cuvieri*. Cependant il y a doute, car les nageoires pelviennes ne sont pas en place.

On doit probablement rapporter à cette espèce un Poisson recueilli par M. Boistel dans les marnes à Cyrènes de Romainville, et qui est réduit à sa partie postérieure. M. Morin, attaché au laboratoire de Géologie du Muséum, m'a communiqué des échantillons analogues provenant de la même localité et du même niveau.

L'espèce a été citée par L. Graves (*Loc cit.*, p. 507) dans les argiles vertes au-dessus du gypse de la butte de Montmélian (Oise) (p. 507) et à Plailly (Oise) au-dessus du gypse dans les « marnes argileuses paléothériennes » (p. 507).

Notogoneus Janeti n. sp. — M. Léon Janet, ingénieur au corps des Mines, a trouvé à Romainville, dans les marnes bleues surmontant la haute masse du gypse (carrière Gauvain), un Poisson qu'il a bien voulu me communiquer (pl. III, fig. 2-3).

Le Poisson est sur deux morceaux de marne qui se raccordent. Le morceau le plus petit porte la tête écrasée, la trace des pectorales et quelques vertèbres.

La longueur totale est de 22 centimètres; la longueur de la tête est de 6 centimètres; elle est contenue quatre fois dans la longueur totale.

Il y a environ (en tenant compte de la lacune entre les deux morceaux) 50 vertèbres dont les empreintes, sauf pour quelques-unes, sont toutes conservées. On ne voit que des traces des nageoires pectorales. Les pelviennes sont constituées par sept ou huit rayons bifurqués. Elles sont au-dessous de la dorsale.

La dorsale est à peu près au milieu du dos et présente une dizaine de rayons. L'anale, avec huit ou neuf rayons, est un peu plus près de la caudale que des pelviennes. Les rayons de la caudale, au nombre d'une vingtaine, ne sont conservés que sur une partie de leur longueur.

Il y a des traces d'arêtes intermusculaires et d'écailles écrasées où l'on voit les stries caractéristiques du genre *Notogoneus*.

Le Poisson appartient certainement au genre *Notogoneus*. Il a des rapports avec *N. Cuvieri* Ag. sp., mais la tête est plus longue qu'elle ne l'est dans cette dernière espèce ; de plus, la dorsale est plus avancée que chez *N. Cuvieri* et se trouve en avant des pelviennes, au lieu d'être en arrière Chez *N. osculus* Cope de l'Éocène de Green River et chez *N. squamosseus* Ag. sp. d'Aix-en-Provence, la dorsale est opposée aux pelviennes et la tête est moins longue. Chez *N. longiceps* Meyer sp. de l'Oligocène de Mayence, la tête est au contraire beaucoup plus longue et la dorsale est plus reculée que les pelviennes. Il s'agit donc d'une espèce nouvelle que nous appellerons *N. Janeti*.

NOTOGONEUS sp. — On doit rapporter au genre *Notogoneus* des restes de Poissons des marnes bleues de Noisy-le-Sec (Seine) conservés à l'École des Mines et recueillis par M. Laville.

Dans la collection de Géologie de la Sorbonne, il y a une plaque de marne bleue des environs de Paris présentant de nombreux petits Poissons du genre *Notogoneus* ; cette plaque paraît provenir d'une flaque d'eau qui s'est desséchée, causant ainsi la mort de ces Poissons.

Enfin le calcaire oolithique de Villejuif (Seine) a fourni des restes fragmentaires de *Notogoneus*. M. Stanislas Meunier, professeur de Géologie au Muséum, en a recueilli des débris. M. Hamelin, attaché au laboratoire de Géologie du Muséum, m'en a également communiqué. Les débris trouvés par M. Hamelin comprennent des vertèbres, certaines avec des arcs hæmaux élargis (vertèbres postérieures), des fragments d'apophyses et de branchiostèges ; enfin il y a deux sous-opercules intéressants.

L'un d'eux, de petite taille, porte quatre fentes nettes et une encoche postérieure ; il a appartenu à un *Notogoneus* comparable par la taille à *N. Cuvieri* (pl. IV, fig. 5).

L'autre sous-opercule (pl. IV, fig. 6) a appartenu à un Poisson de forte taille. Sur son bord postérieur, il y a cinq fentes profondes, la fente supérieure étant élargie par perte de substance osseuse. Normalement il n'y a que quatre fentes au subopercule de *Notogoneus*. Le sous-opercule de Villejuif indique un Poisson correspondant par la taille au *N. osculus* Cope de l'Éocène du Wyoming et au *N. squamosseus* Blainv. sp. du gypse d'Aix, qui atteignait de 50 à 60 centimètres de long, tandis que le *N. Cuvieri* n'a pas plus d'une vingtaine de centimètres de longueur.

La collection de Géologie du Muséum renferme aussi de petites vertèbres provenant de Villejuif et qui paraissent appartenir à un autre genre de Poissons que le genre *Notogoneus*.

AMIA sp. — Enfin M. Hamelin a trouvé dans les marnes blanches de Romainville du Sannoisien supérieur de nombreux débris de Poissons, entre autres un préopercule et un fragment de dentition palatine qui pourraient provenir d'une espèce indéterminée d'*Amia*. M. Morin m'a communiqué des débris d'*Amia* provenant aussi des marnes blanches à *Limnæa strigosa* de Romainville. Il y a aussi des débris d'*Amia* dans les marnes bleues.

Résumé. — Ainsi la faune ichthyologique du Sannoisien, dans les niveaux supérieurs au gypse, est une faune d'eau douce composée d'une espèce d'Esturgeon, d'une espèce d'*Amia* et de plusieurs espèces de *Notogoneus*. Ce dernier genre va disparaître avec la période oligocène. Il y a peut-être aussi d'autres Poissons indéterminés.

En Angleterre, le Sannoisien est représenté dans l'île de Wight par les couches de Headon et d'Osborn, celles de Bembridge et les couches inférieures de Hempstead. On y a signalé un Squale : *Odontaspis cuspidata* Ag. sp., mais il y a surtout des Poissons d'eau douce : des débris d'*Acipenser* sp., des Poissons du genre *Amia* (*A. anglica* E. T. Newton et *A. Colenuti* E. T. Newton), un Clupéidé : *Diplomystus vectensis* E. T. Newton, dont le genre habite aujourd'hui les rivières de la Nouvelle-Galles du Sud et du Chili (1), enfin un Siluridé représenté par des otolithes: *Arius crassus* Koken sp. du Bartonien supérieur.

3° Époque stampienne.

A l'époque stampienne, la mer a envahi une grande partie de l'Allemagne du Nord, de la Suisse, s'est avancée sur une partie de la Belgique et a recouvert le bassin de Paris. Elle y a déposé les marnes à huîtres et au-dessus les sables de Fontainebleau et d'Étampes.

La faune ichthyologique du Stampien parisien n'est pas encore bien connue ; les restes de Poissons fossiles sont rares dans les sables de Fontainebleau. M. Stanislas Meunier en a signalé quelques-uns, et il a cité quelques dents de Poissons qui ont été déterminées par le Dr Sauvage (2). J'ai récemment publié un travail sur les fossiles du Stampien du bassin parisien (3). La plupart des pièces étudiées proviennent de la collection J. Lambert.

(1) Ce genre remonte au Crétacé et se trouve dans des couches marines de cette période.

(2) STANISLAS MEUNIER et J. LAMBERT, Recherches stratigraphiques et paléontologiques sur les sables marins de Pierrefitte, près d'Étampes (Seine-et-Oise). Partie paléontologique, par M. ST. MEUNIER (*Nouv. Arch. du Muséum*, 2e sér., t. III, 1880, note de la page 236).

(3) F. PRIEM, Sur les Poissons fossiles du Stampien du bassin parisien (*Bull. Soc. géol. France*, 4e sér., t. VI, 1906, p. 195-205, 11 fig. et pl. VIII).

Élasmobranches. — Myliobatidés. — Les Élasmobranches broyeurs de la famille des Myliobatidés ont laissé quelques restes dans le Stampien. On trouve des chevrons de *Myliobatis* sp. à Longjumeau, Jeurre et Pierrefitte (Seine-et-Oise). Un chevron provient aussi de la marne grise argileuse de Louveciennes (Seine-et-Oise), base du Stampien (coll. du Muséum). Il existe des chevrons de *Rhinoptera* (*Zygobates*) sp. à Jeurre; enfin, à Pierrefitte des restes de dentition d'*Ætobatis* sp.

Genre Notidanus. — Les Squales du genre *Notidanus* sont représentés par quelques dents de *N. primigenius* sp. trouvées à Vauvert, Pierrefitte, Jeurre (Seine-et-Oise). Cette espèce date de l'époque lutétienne et a été recueillie dans le Bruxellien (Lutétien de Belgique), mais devient surtout commune dans l'Oligocène.

Genre Scyllium. — Une petite dent de Roussette : *Scyllium* sp. a été recueillie à Pierrefitte.

Lamnidés. — Les Squales les plus abondants sont les Lamnidés. Il y a surtout des dents d'*Odontaspis cuspidata* (var. *Hopei*) Ag. sp. trouvées à Louveciennes, Longjumeau, Jeurre, Morigny, Malassis, Vauroux, Vauvert, Pierrefitte, Moulineaux (Seine-et-Oise), Pezarches (Seine-et-Marne).

Des dents légèrement striées, à bords tranchants, à racine renflée, ont été recueillies à Longjumeau, Pezarches et Pierrefitte. Une dent analogue provient de Jeurre (coll. d'Orbigny, Muséum). Je les ai rapportées à l'*Odontaspis acutissima* Ag., espèce du Miocène qui a des rapports avec *Od. contortidens* Ag., tout en paraissant être distincte.

Lamna macrota Ag. sp. est représentée à Malassis (près Morigny, Seine-et-Oise), et des dents d'*Oxyrhina*, peut-être d'*O. Desori* Ag., ont été trouvées à Jeurre et à Pierrefitte.

Genre Carcharodon. — Les Lamnidés du genre *Carcharodon* sont remarquables. J'ai signalé à Pierrefitte la présence de *C. auriculatus* Blainv. sp. (var. *heterodon* Ag.). Une magnifique dent de *C. angustidens* Ag. a été recueillie par M. Laville dans les marnes à huîtres de Cormeilles-en-Parisis (Seine-et-Oise).

Carchariidés. — Les Squales de la famille des Carchariidés sont relativement nombreux. On trouve dans le Stampien :

Carcharias (*Aprionodon*) aff. *acanthodon* Le Hon sp. (pl. IV, fig. 11), Pierrefitte.
— (*Aprionodon*) aff. *frequens* Dames. Jeurre, Pierrefitte ?
— (*Physodon*) sp. Jeurre, Pierrefitte.
Galeus sp. (pl. IV, fig. 9). Jeurre, Pierrefitte.
Galeocerdo latidens Ag. (pl. IV, fig. 10). Jeurre, Pierrefitte.

Il y a aussi des débris indéterminables d'Ichthyodorulithes provenant du Stampien de Jeurre et de Pierrefitte.

Téléostomes. — Sparidés. — On trouve assez souvent dans le Stampien des dents isolées de Sparidés, ainsi à Longjumeau, Jeurre, Pierrefitte. Certaines de ces dents paraissent appartenir au genre *Chrysophrys* (Daurade), mais d'autres pourraient appartenir à un Sparidé voisin des Sargues.

SCOMBRIDÉS. — Genre CYBIUM. — On trouve des dents de *Cybium* dans le Stampien de Pierrefitte. Nous avons vu que ce genre de Scombridé, encore vivant aujourd'hui, a débuté dans la période éocène.

Je rapporte à des Scombridés des débris trouvés par M. Chouquet dans la marne grise argileuse de Louveciennes (Muséum). Ce sont des vertèbres d'assez grande taille avec un fragment d'os carré. Ces restes accompagnaient les grosses côtes du Sirénien décrit par M. A. Gaudry sous le nom d'*Halitherium Chouqueti*.

Plusieurs de ces débris de Scombridés sont ici figurés (fig. 70-74).

OTOLITHUS (SCOMBRIDARUM ?) LAMBERTI Priem. — Le président J. Lambert a recueilli à Ormoy (Seine-et-Oise) un otolithe qui a des rapports avec ceux des Scombridés.

DENTS INDÉTERMINÉES. — Une dent de la collection J. Lambert, provenant du Stampien de Jeurre, est conique, élancée, surmontée d'un petit chapeau d'émail.

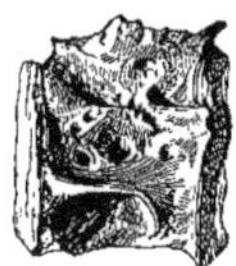
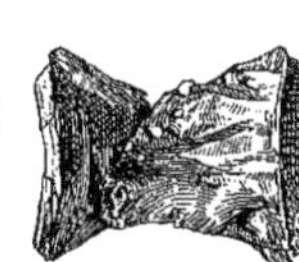

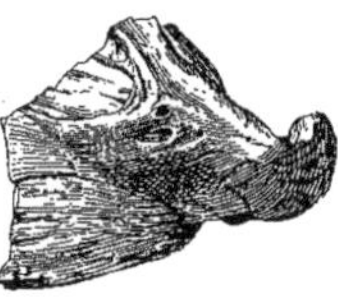

Fig. 70-74. — Débris de Scombridés indéterminés. Fig. 70-73, vertèbres vues de profil et de face; fig. 74 (à droite), fragment d'os carré, grandeur naturelle. Stampien, marne grise de Louveciennes (Seine-et-Oise) [coll. Paléontologie, Muséum].

Cette dent a des rapports avec les dents de Trichiuridés, tels que *Lepidopus*, *Thyrsites*, etc.

Les Trichiuridés sont des Poissons des grandes profondeurs, à corps comprimé et très long qui les fait comparer à des rubans. Ce groupe est assez commun dans l'Oligocène. Le genre actuel *Lepidopus* se trouve notamment dans l'Oligocène de Glaris, en Suisse. Des dents trouvées à Jeurre et à Pierrefitte ont été décrites par moi sous le nom de *Cimolichthys* ? sp. Elles sont comprimées, couvertes de petites stries et portent à la pointe, quand elles sont complètes, une légère barbelure en demi-fer à cheval. Il y en a d'analogues dans l'Éocène d'Égypte. Elles rappellent les dents du Crétacé désignées sous le nom d'*Anenchelum* ? *marginatum* Roux sp. par Hébert et rapportées par le Dr A. S. Woodward au genre *Cimolichthys* de la famille des Enchodontidés. Peut-être faut-il rapporter aussi aux Trichiuridés ces dents mal connues.

On a trouvé aussi à Jeurre des fragments de rayons de nageoires d'Acanthoptérygien indéterminé.

Résumé. — Les Poissons fossiles trouvés jusqu'ici dans le Stampien du bassin parisien sont donc les suivants :

ÉLASMOBRANCHES :

Myliobatis sp.
Rhinoptera (*Zygobates*) sp.
Aëtobatis sp.
Notidanus primigenius Ag.
Scyllium sp.
Odontaspis cuspidata (var. *Hopei*) Ag. sp.
— *acutissima* Ag.
Lamna macrota Ag. sp.
Oxyrhina sp.
Carcharodon auriculatus (var. *heterodon* Ag.) Blainv. sp.
— *angustidens* Ag.
Carcharias (*Aprionodon*) aff. *acanthodon* Le Hon sp.
— — aff. *frequens* Dames.
— (*Physodon*) sp.
Galeus sp..
Galeocerdo latidens Ag.
Ichthyodorulithes indéterminés.

TÉLÉOSTOMES :

Sparidés.
Cybium sp.
Trichiuridés? indéterminés.
Otolithus (*Scombridarum* ?) *Lamberti* Priem.

Cette faune, par ses Élasmobranches, a des affinités avec celle de l'Éocène. On doit noter le développement relativement considérable des Carchariidés : *Carcharias* (sous-genres *Aprionodon* et *Physodon*) et *Galeus*, et l'apparition des grands Carcharodons, *C. angustidens* Ag., espèce qui commence dans la période oligocène et se continue dans la période miocène. Il faut signaler la présence de l'*Odontaspis acutissima* Ag. du Miocène.

Comparaison de la faune ichthyologique stampienne du bassin parisien avec celle des régions voisines. — Le bassin parisien, à l'époque stampienne, n'était qu'un golfe d'une mer qui s'ouvrait largement au nord. Les éléments de sa faune ichthyologique viennent de Belgique et d'Allemagne.

Les dépôts de l'époque stampienne en Belgique constituent le *Rupélien* (1). Les Poissons rupéliens ont été surtout étudiés par Storms (2).

(1) Du Rupel, affluent de l'Escaut.

(2) R. STORMS, Première note sur les Poissons fossiles du terrain rupélien (*Bull. Soc. belge de Géol. Pal. et Hyd.*, t. I, 1887, p. 98-112, pl. VI, et 15 fig. texte). — Deuxième note (*Ibid.*, t. VII, 1893, p. 161-171,

On y trouve les espèces d'Élasmobranches signalées dans le Stampien parisien, mais en outre le genre *Squatina* et des espèces locales comme *Odontaspis van den Brœcki* Winkler, *Od. vorax* Le Hon, *Lamna rupeliensis* Le Hon sp. On doit noter la présence des grands Lamnidés du genre *Cetorhinus* Blainville (= *Selache* Cuvier = *Hannovera* van Beneden), dont on trouve des appendices branchiaux dans le Rupélien. Il y a à la fois l'*Oxyrhina Desori* Ag. et l'*O. hastalis* Ag.

Les Carchariidés paraissent peu nombreux : *Galeus minor* Ag. sp. (= *Protogaleus latus* Storms) et *Galeocerdo acutus* Storms.

Les Holocéphales ont laissé des restes dans le Rupélien : *Chimæra rupeliensis* Storms, *Amylodon Delheidi* Storms.

Les Téléostomes sont assez variés. Il y a de nombreux Scombridés (*Cybium Dumonti* van Beneden sp., *Dictyodus rupeliensis* Dollo et Storms, *Scombramphodon Benedeni* Storms sp., *S. curvidens* Storms, *Pelamys* sp.), des Xiphiidés (*Glyptorhynchus* sp.), des Serranidés (*Platylates rupeliensis* Storms, *Labrax Delheidi* Storms), des Sparidés (*Chrysophrys* sp.), des Cottidés (*Cottus cervicornis* Storms), des Triglidés (*Trigla* sp.), enfin le genre *Trichiurides* (*Lophius* ?).

Les dépôts stampiens d'Allemagne, surtout développés dans le bassin de Mayence, ont fourni un grand nombre de restes de Poissons étudiés surtout par le Dr O. Jaekel et le Dr Wittich (1).

Les Élasmobranches sont nombreux et variés. Il y a des Poissons du genre *Squatina*, de nombreux débris de *Myliobatis*, plusieurs espèces de *Scyllium*. Le genre *Notidanus* est représenté par *N. primigenius*. On retrouve l'*Odontaspis cuspidata* (var. *Hopei*) Ag. sp., l'*Od. acutissima* Ag., la *Lamna macrota* Ag. sp. déjà signalés dans le bassin parisien, ainsi que *Carcharodon auriculatus* Blainv. sp., mais il ne paraît pas y avoir de *C. angustidens* Ag. Le Stampien allemand renferme plusieurs espèces d'Oxyrhines, non seulement *O. Desori* Ag. et *O. hastalis* Ag., mais aussi d'autres espèces comme *O. rhenana* Jaekel.

Les Carchariidés sont très nombreux : *Carcharias* (*Aprionodon*) *frequens* Dames sp., *C.* (*Scoliodon*) *rhenanus* Jaekel sp., *C.* (*Hypoprion*) *rhenanus* Jaekel, *C.* (*Hypoprion*) cf. *singularis* Probst, *Galeocerdo latidens* Ag., *G. medius* Wittich, *G. contortus* Gibbes var. *Hassiæ* Jaekel, *Hemipristis* sp., *Sphyrna prisca* Ag., *Galeus Mullerei* Jaekel.

Les Téléostomes comprennent des Élopidés : *Osmeroides maxinus* Wittich, des

pl. VII et 9 fig. texte). — Troisième note (*Ibid.*, t. VIII, 1894, p. 67-82, 1 pl.). — Quatrième note (*Ibid.*, t. VIII, 1894, p. 260-262). — L. Dollo et R. Storms, Sur les Téléostéens du Rupélien (*Zool. Anz.*, 1888, n° 279, 3 p.). — A. S. Woodward, Catalogue, part IV, 1901, p. 474. — M. Leriche, Note sur les *Cottus* fossiles, et en particulier sur *Cottus cervicornis* Storms du Rupélien de Belgique (*Ass. franç. avanc. des Sciences*, Congrès de Grenoble, t. XXXIII, 1904, p. 677-679, pl. III).

(1) O. Jaekel, Verzeichniss der Selachier des Mainzer Oligocäns (*Sitzungsb. d. Ges. naturf. Freunde zu Berlin*, 1898, p. 161-179). — E. Wittich, Ueber neue Fische aus dem mitteloligocänen Meeressand des Mainzer Beckens (*Notizblatt d. Ver. für Erdk. und d. grossherz. geol. Landesanst. zu Darmstadt*, IV Folge, 18 Heft, 1897, p. 43-49, pl. V). — Neue Fische, etc. II Theil (*Ibid.*, 19 Heft, 1898, p. 34-49, pl. I). — Neue Fische, etc. (*Ibid.*, 21 Heft, 1900 [1902], p. 19-29, pl. III).

Scombridés : *Dictyodus lingulatus* H. von Meyer, *D. conoideus* H. v. Meyer ; surtout des Sparidés : *Chrysophrys Schoppei* Wittich, *Chrysophrys* sp., *Pagrus Lepsii* Wittich, *Scarus priscus* Wittich ; des Labridés : *Labrodon Lepsii* Wittich, et enfin le genre *Trichiurides* : *Trichiurides* (*Lophius*?) *sagittidens* Winkler.

L'Oligocène allemand est très riche en otolithes variés étudiés par le professeur Koken (1) et appartenant à des Siluridés, Clupéidés, Gadidés, Ophidiidés, Pleuronectidés, Scombridés, Sciænidés, Bérycidés, Serranidés, Sparidés, Triglidés.

La faune marine stampienne est donc beaucoup plus variée en Belgique et surtout en Allemagne que dans le bassin parisien, qui était occupé par un golfe d'accès moins facile.

Avec l'époque aquitanienne par laquelle s'ouvre la période miocène, les eaux marines ont définitivement abandonné le bassin parisien. Ce dernier a été occupé alors par un grand lac, où s'est déposé le calcaire de Beauce. Ce lac s'étendait très loin vers le sud et communiquait probablement avec les lacs qui couvraient l'Auvergne. On n'a pas signalé, jusqu'ici, de restes de Poissons dans le calcaire de Beauce. Ceux qu'on pourrait découvrir rappelleraient sans doute la faune ichthyologique aquitanienne d'eau douce trouvée en Allemagne. On y verrait les derniers représentants européens des genres *Amia* et *Lepidosteus*, les derniers *Notogoneus*, des Cyprinodontes du genre *Prolebias*, des Serranidés du genre *Smerdis* et aussi des Ésocidés et des Cyprinidés des genres actuels *Esox*, *Leuciscus*, *Rhodeus*, *Tinca*, etc.

Le bassin parisien est maintenant devenu terre ferme. A l'époque helvétienne, vers le milieu de la période miocène, la mer, s'avançant de l'ouest, a pénétré en Touraine et y a déposé les faluns qui contiennent de nombreux restes de Poissons. Mais le bassin parisien lui-même est resté à sec.

Les documents nous manquent pour faire l'histoire de la faune ichthyologique du bassin de Paris pendant les derniers temps tertiaires et la période quaternaire.

(1) E. Koken, Ueber Fisch-otolithen, imbesondere über diejenigen den nord-deutschen Oligocänablagerungen (*Zeitschr. d. deutsch. geol. Ges.*, 1884, p. 500-565, pl. IX-XII). — Neue Untersuchungen an Tertiären Fisch-otolithen (*Ibid.*, 1889, p. 274 306, pl. XVII-XIX). — Neue Untersuchungen an Tertiären Fisch-otolithen, II (*Ibid.*, 1891, p. 77-170, pl. I-X). — Fossile Fisch-otolithen (*Sitzungsb. d. Ges. naturf. Freunde zu Berlin*, 1899, p. 117-121).

Liste des Poissons fossiles de l'Oligocène du bassin parisien.

NOMS DES ESPÈCES.	SANNOISIEN INFÉRIEUR (gypse).	SANNOISIEN SUPÉRIEUR.	STAMPIEN.
Élasmobranches.			
Myliobatis sp			+
Rhinoptera sp			+
Aëtobatis sp			+
Notidanus primigenius Ag			+
Scyllium sp			+
Odontaspis acutissima Ag			+
— *cuspidata* (var. *Hopei*) Ag. sp			+
Oxyrhina Desori Ag			+ ?
— *hastalis* Ag	+ ?	+ ?	
Lamna macrota Ag. sp			+
Carcharodon angustidens Ag			+
— *auriculatus* Blainv. sp. (var. *heterodon* Ag.)			+
* *Carcharias* (*Aprionodon*) aff. *acanthodon* Le Hon sp			+
— — aff. *frequens* Dames sp			+
— (*Physodon*) sp			+
Galeocerdo latidens Ag			+
Galeus sp			+
Ichthyodorulithes			+
Téléostomes.			
* *Acipenser parisiensis* n. sp		+	
* *Amia ignota* Blainv. sp	+		
Amia sp		+	
* *Notogoneus Cuvieri* Ag. sp	+	+	
* — aff. *Cuvieri* Ag. sp		+	
* — *Janeti* Priem (n. sp.)		+	
— sp	+	+	
* *Labeo? Cuvieri* Priem	+		
Esocidé?	+		
Poisson aff. *Belone*	+		
Cybium sp			+
Trichiuridés?			+
* *Smerdis ventralis* Ag	+		
* *Sargus Cuvieri* Ag	+		
Chrysophrys?			+
Sparoïde (*Sargus* sp.?)			+
Amphistium paradoxum Ag	+		
Acanthoptérygien indéterminé			+
Téléostéen indéterminé		+	
* *Otolithus* (*Scombridarum Lamberti?*) Priem			+

Les noms marqués d'un astérisque indiquent des espèces particulières au bassin de Paris.

EXPLICATION DES PLANCHES

Planche I.

Fig. 1. — *Ceratodus Kaupi* Ag., dent mandibulaire. Mont-sur-Meurthe (Meurthe-et-Moselle). Muschelkalk, Trias moyen. Coll. de Paléontologie du Muséum. Grandeur naturelle.

Fig. 2. — Piquant de *Nemacanthus*. Mont-sur-Meurthe (Meurthe-et-Moselle). Muschelkalk, Trias moyen. Grandeur naturelle. Coll. de Paléontologie du Muséum.

Fig. 3. — *Pholidophorus* aff. *germanicus* Quenstedt. Lias supérieur de Curcy (Calvados). Coll. de Paléontologie du Muséum (moulage), 4/5 de la grandeur naturelle.

Fig. 4-7. — *Ptychodus mammillaris* Ag., dents, grandeur naturelle. Cénomanien de Rouen. Coll. de Paléontologie du Muséum (coll. de Vibraye).

Fig. 8-9. — *Lamna semiplicata* Ag. sp. (*Lamna sulcata* Geinitz sp.), dent, grandeur naturelle. Turonien, La Chartre-sur-Loir (Sarthe). Fig. 8, face externe; fig. 9, face interne. Coll. de Paléontologie du Muséum (coll. d'Archiac).

Fig. 10. — *Enchodus lewesiensis* Mantell sp. Partie antérieure de la tête, grandeur naturelle. Turonien de Rouen. Coll. de Paléontologie du Muséum (coll. Michelin).

Fig. 11. — *Enchodus* sp., mâchoire inférieure, grandeur naturelle. Turonien supérieur de Montgueux (Aube). Coll. de Paléontologie du Muséum (moulage).

Fig. 12. — *Hoplopteryx lewesiensis* Mantell sp. Poisson aux 2/3 de la grandeur naturelle. Turonien de Rouen. Coll. de Paléontologie du Muséum.

Fig. 13. — *Scapanorhynchus rhaphiodon* Ag. sp., dent vue sur la face interne, grandeur naturelle. Sénonien supérieur de Meudon (Seine-et-Oise). Coll. Bourdot.

Fig. 14-16. — *Hoplopteryx* sp., écailles, grandeur naturelle. Sénonien supérieur de Meudon. Coll. Bourdot.

Fig. 17. — *Hoplopteryx* sp., préopercule, grandeur naturelle. Sénonien supérieur de Meudon (Seine-et-Oise). Coll. Bourdot.

Fig. 18. — *Hoplopteryx*, opercule, grandeur naturelle. Même provenance.

Fig. 19. — *Lamna appendiculata* Ag. sp. (var. *lata* Ag.), dent vue sur la face interne, grandeur naturelle. Sénonien supérieur de Maëstricht (Hollande). Pièce de comparaison. Coll. Bourdot.

Fig. 20. Hybodonte ? dent vue par la face interne. Sénonien supérieur de Meudon. Coll. Bourdot.

Planche II.

Fig. 1. — *Anomœodus Muensteri* Ag. sp., dentition spléniale droite, grandeur naturelle. Aptien de Gurgy (Yonne)? Coll. de Paléontologie du Muséum (coll. Sainte-Chapelle).

Fig. 2. — *Enchodus lewesiensis* Mantell sp., dent palatine, grandeur naturelle. Sénonien supérieur de Meudon (Seine-et-Oise). Coll. Bourdot.

Fig. 3. — *Oxyrhina Mantelli* Ag., dent vue sur la face interne, grandeur naturelle. Cénomanien de Nogent-le-Rotrou (Eure-et-Loir). Coll. de Paléontologie du Muséum.

Fig. 4. — *Cœlodus Laurenti* n. sp., dentition vomérienne, grandeur naturelle. Montien inférieur du Mont-Aimé (Marne). Musée de Châlons-sur-Marne (coll. Ponsort).

Fig. 5. — *Lepidosteus* sp. Moulage d'une pièce recueillie dans l'Yprésien supérieur de Belleu (Aisne) par Watelet. Demi-grandeur naturelle. Coll. de Paléontologie du Muséum.

Fig. 6. — *Myliobatis Dixoni* Ag., dentition inférieure, grandeur naturelle. Lutétien de Chaumont-en-Vexin (Oise). Coll. Bourdot.

Fig. 7. — Scombéroïde (*Cybium* sp. ?), colonne vertébrale, demi-grandeur naturelle. Lutétien, calcaire grossier de Paris. Coll. de Paléontologie du Muséum (coll. Deshayes).

Fig. 8. — *Zanclus eocænus* P. Gervais, demi-grandeur naturelle. Lutétien, calcaire grossier de Paris. Coll. de Paléontologie du Muséum.

Planche III.

Fig. 1. — *Acipenser parisiensis* n. sp. Portion du côté droit du corps vu par la face interne. Sannoisien supérieur, marnes bleues de Romainville (Seine). Coll. de l'École des Mines. 3/4 de la grandeur naturelle.

Fig. 2-3. — *Notogoneus Janeti* n. sp. Sannoisien supérieur, marnes bleues de Romainville. Fig. 2, partie antérieure séparée de la suivante et écrasée; fig. 3, partie postérieure du corps. Grandeur naturelle. Coll. Léon Janet.

Fig. 4. — *Notogoneus* aff. *Cuvieri* Ag. sp., petits exemplaires et débris sur la gangue. Grandeur naturelle. Sannoisien supérieur, marnes bleues de Bagnolet (Seine). Coll. de Paléontologie du Muséum.

Fig. 5. — *Arius Bonneti* Priem, piquant pectoral, grandeur naturelle. Bartonien supérieur de Berville (Seine-et-Oise). Coll. Bourdot.

Fig. 6. — *Arius Bonneti* Priem, piquant dorsal. Même provenance, mêmes proportions.

Fig. 7. — *Carcharodon auriculatus* Blainv. sp., dent vue par la face externe, grandeur naturelle. Lutétien de Chaumont-en-Vexin (Oise). Coll. Bourdot.

Fig. 8. — *Palæorhynchus* sp. ? Lutétien supérieur de Brasles (Aisne). Coll. Vinchon. Grandeur naturelle.

Fig. 9. — *Smerdis* sp. Lutétien supérieur de Brasles (Aisne). Coll. Vinchon. Grandeur naturelle.

Fig. 10. — *Notogoneus* sp. Lutétien supérieur de Brasles (Aisne). Coll. Vinchon. Grandeur naturelle.

Planche IV.

Fig. 1. — *Acipenser parisiensis* n. sp., portion du côté droit du corps vu par la face externe. Sannoisien supérieur, marnes bleues de Romainville (Seine). Coll. de l'École des Mines. 3/4 de la grandeur.

Fig. 2. — *Id.*, portion du côté gauche du corps vu par la face externe. Même provenance, mêmes proportions.

Fig. 3-4. — *Id.*, fragments d'écussons dorsaux isolés. Grandeur naturelle, même provenance.

Fig. 5. — *Notogoneus* sp., fragment de sous opercule. Sannoisien supérieur de Villejuif (Seine). Coll. de Géologie du Muséum. Grandeur naturelle.

Fig. 6. — *Notogoneus* sp. Sous-opercule de plus grande taille et indiquant probablement une espèce différente de la précédente. Même provenance, grandeur naturelle.

Fig. 7. — *Lamna macrota* Ag. sp., dent antérieure typique vue par la face interne. Grandeur naturelle. Lutétien inférieur de Chenay (Marne). Coll. Molot.

Fig. 8. — *Scyllium* sp., dent vue par lafac e externe, grandeur naturelle. Lutétien de Chaumont-en-Vexin (Oise). Coll. Bourdot.

Fig. 9. — *Galeus* sp., dent vue par la face externe, grandeur naturelle. Stampien de Pierrefitte (Seine-et-Oise). Coll. Bourdot.

Fig. 10. — *Galeocerdo latidens* Ag., dent vue par la face interne, grandeur naturelle. Stampien de Pierrefitte (Seine-et-Oise). Coll. de Géologie du Muséum.

Fig. 11. — *Carcharias* (*Aprionodon*) aff. *acanthodon* Le Hon sp., dent vue par la face interne, grandeur naturelle. Coll. de Géologie du Muséum.

Fig. 12. — *Albula* (*Pisodus*) *Oweni* Owen sp., dent grandeur naturelle. Thanétien de Jonchery (Marne). Coll. Bourdot.

Planche V.

Palæorhynchus Deshayesi Ag. sp. Portion d'une plaque avec nombreuses empreintes. Lutétien de Puteaux (Seine). Au dixième de la grandeur. Coll. de Géologie du Muséum.

Les clichés des planches et les dessins des figures du texte ont été faits par M. J. Papoint, préparateur au Muséum d'histoire naturelle.

2927-08. — Corbeil. Imprimerie Éd. Crété.

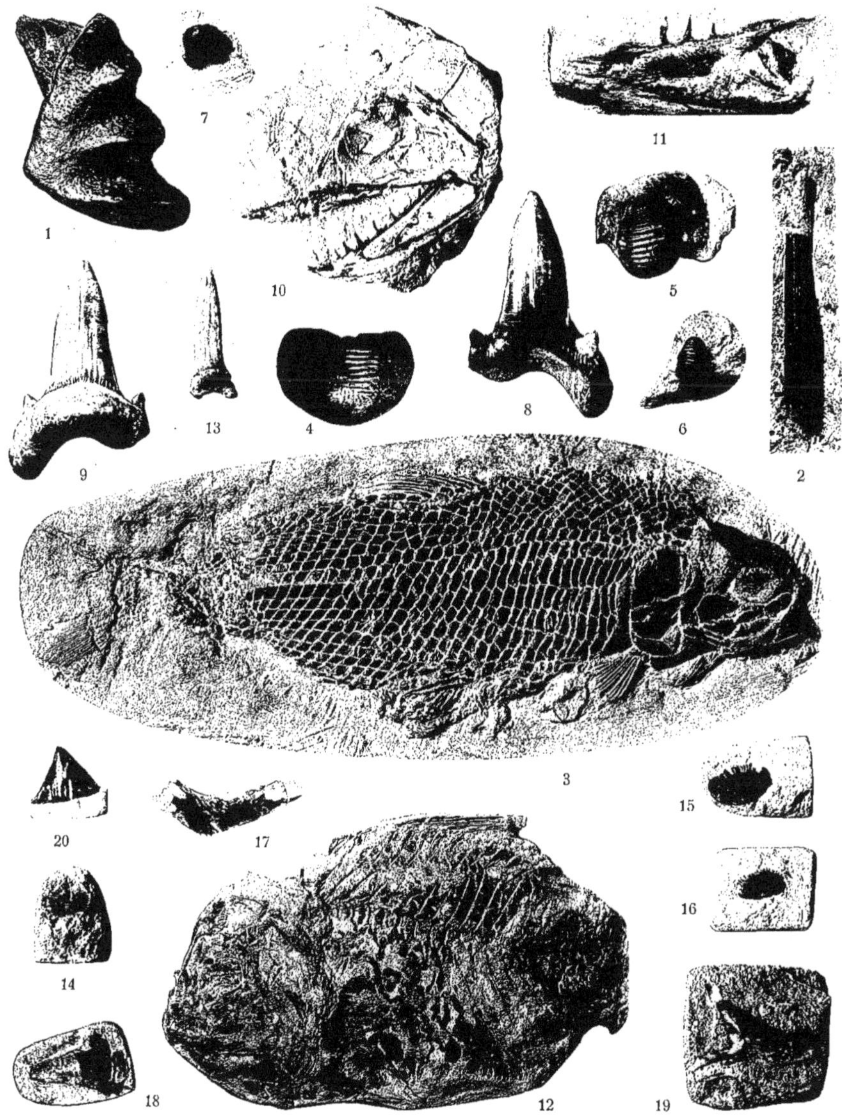

Phototypie Berthaud

POISSONS SECONDAIRES

Masson & Cie, Éditeurs.

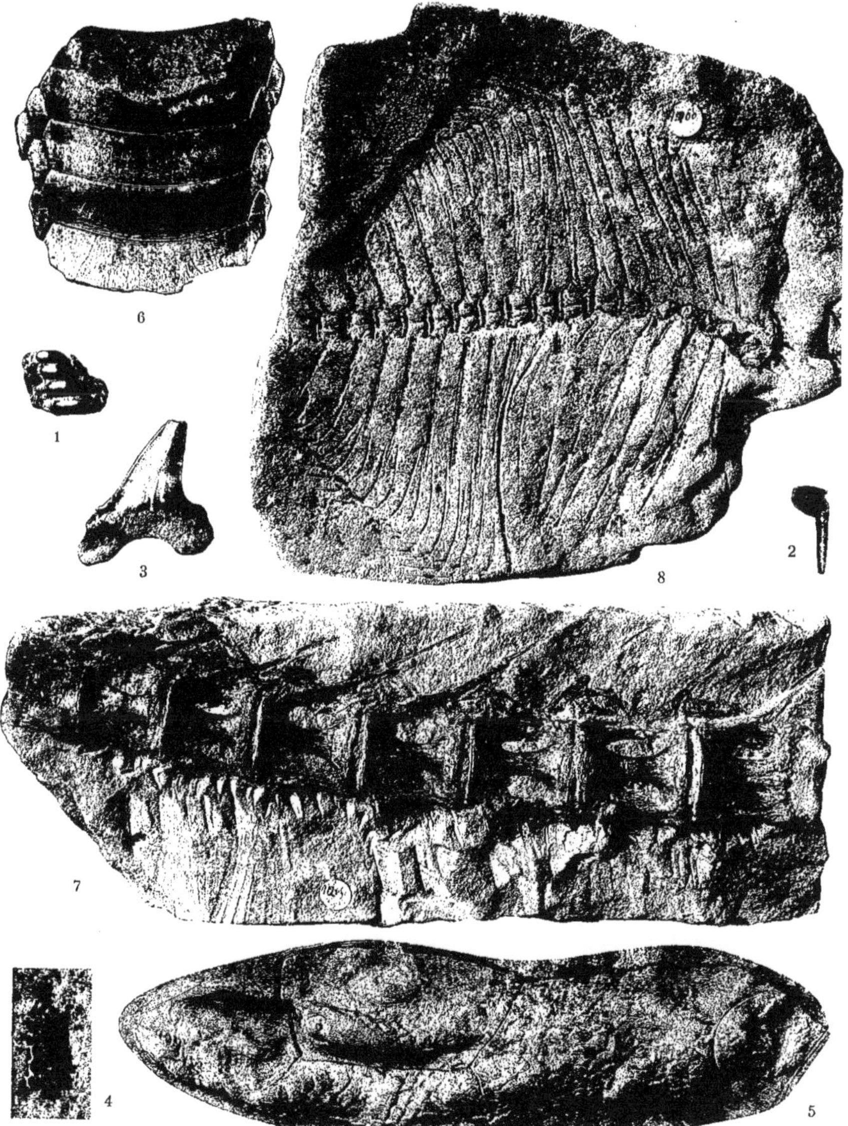

Phototypie Berthaud

POISSONS SECONDAIRES ET TERTIAIRES

Masson & Cie, Éditeurs

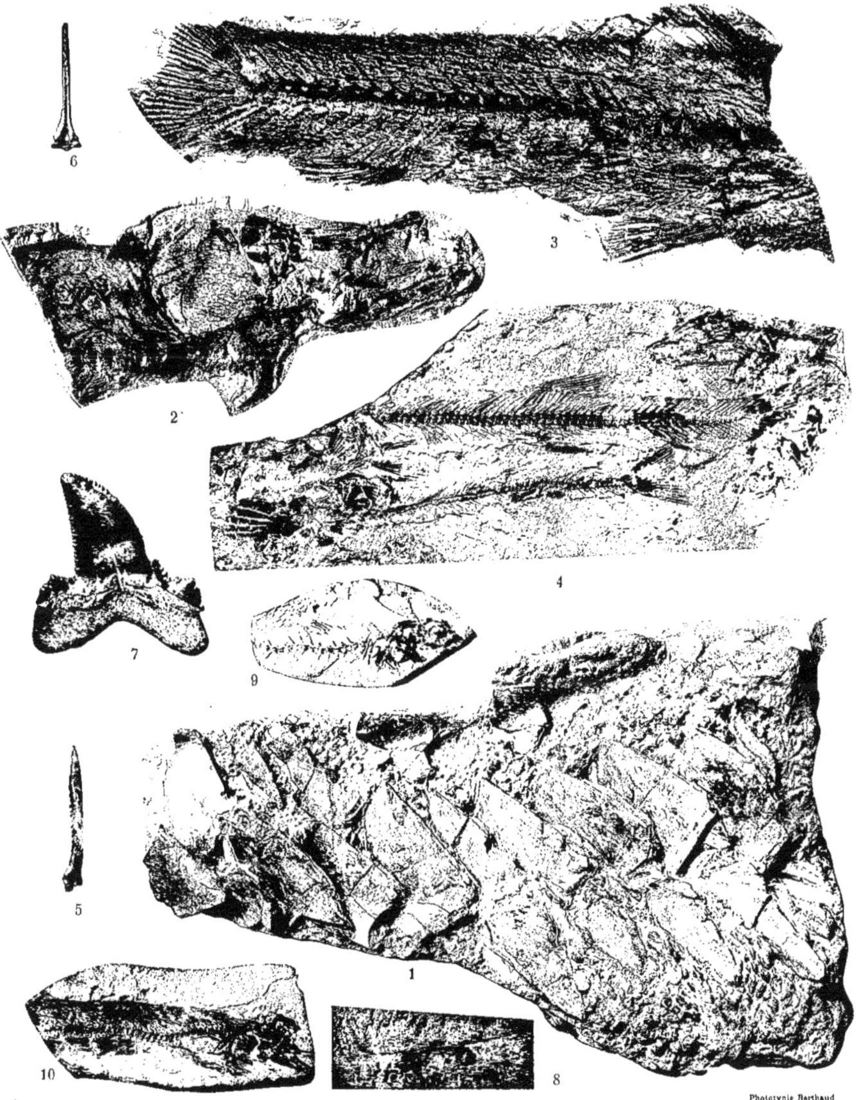

Phototypie Barthaud

POISSONS TERTIAIRES

Masson & Cie, Éditeurs

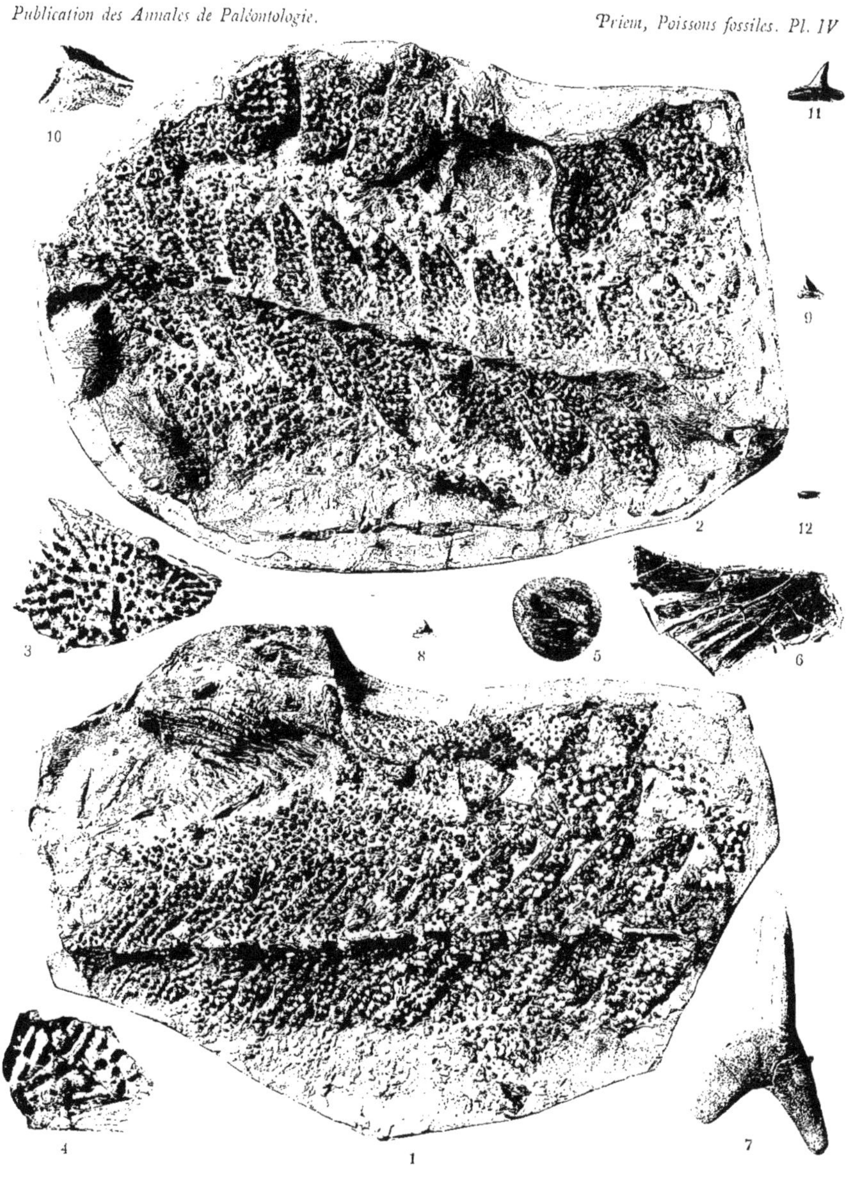

Phototypie Berthaud

POISSONS TERTIAIRES

Masson & Cie, Éditeurs.

Phototypie Berthaud

POISSONS TERTIAIRES

Masson & Cie, Éditeurs.

www.ingramcontent.com/pod-product-compliance
Ingram Content Group UK Ltd.
Pitfield, Milton Keynes, MK11 3LW, UK
UKHW012038240726
13965UKWH00003B/887

9 782013 054874